U0142363

圖解 土壤診斷的基礎

図解でよくわかる 土壌診断のきほん

一般財團法人 日本土壤協會 著
張云馨 譯

五南圖書出版公司 印行

前言

「土壤診斷」常被比喻爲人體的「健康檢查」。土壤的pH爲體溫，EC爲血壓，土壤保肥力的CEC爲胃的容量大小，鹽基飽和度爲土壤的飽腹感等。

一般而言，人類可以從檢查項目中早期發現疾病等，「土壤診斷」也可以從化學性、物理性、生物性的檢查項目中準確掌握土壤目前的狀態，爲了能提供各個農作物最合適的土壤，施用土壤改良資材等，可以改變pH、EC、CEC、鹽基飽和度，對「土壤環境改良」來說，是極爲重要的判斷材料。

早年，日本詩人、童話作家的宮澤賢治，曾在現今的岩手縣花卷市與其周邊進行了土質調查。大正時代末期，在花卷農業學校任教4年後，自發性地以農民爲對象進行訪談調查，爲農田做肥料設計與回應水稻種植諮詢。

在他的詩集《春天與阿修羅》第3集中的《那塊田啊》裡，吟詠了以下的詩。

覆蓋著殘雪的山腳下，在田裡插秧的農民們

「那塊田啊
那個種類的氮氣過多
要果斷停止灌溉
…………
磷酸還有沒有剩？
全部都用完了嗎？
那麼，這樣的天氣
持續五日的話
那片垂下來的葉子
像這樣垂下來的葉子
摘掉吧
…………
如你所想
那塊田地也全都去看了
就是陸羽一三二號的田畝
那個非常成功
施肥得很平均
眞的培育得很強壯
硫酸銨也是自己撒施
雖然各種說法都有
不需要擔心那些
若一反田收成三石二斗
已經決定的話
要認眞地做啊
……」

像這樣，在百年前就已經開始有「土壤診斷、施肥設計」，而現在要不要試試看新推出的、帶有圖文解說的本書作爲「土攘環境改良的基礎」進行「土壤診斷」呢？

2020年8月
一般財團法人　日本土壤協會
土屋 一成

圖解土壤診斷的基礎　目次

※文中所介紹的產品價格是截至2020年8月的最新價格

第1章

了解自家土壤的基礎

第2章

作物生長與土壤的作用

第3章

耕作土壤的條件與問題

第4章

何謂土壤診斷

第5章

化學性診斷的進行方法①（pH）

目次

第6章

化學性診斷的進行方法②（EC）

第7章

化學性診斷的進行方法③（CEC等）

第8章

物理性診斷的進行方法

附錄

專欄

了解自家土壤的基礎

土壤的形成

土與土壤

「土」這個漢字雖然被認為是象徵植物從地裡竄出到地上的樣子，但是在現今的日文裡有著「土いじり」（園藝）、「土踏まず」（足弓）、「土臭い」（土裡土氣）等廣泛使用在與日常生活密不可分的比喻。另一方面，「土壤」右旁的「襄」字有釀造、豐穰等慢慢醞釀、細嫩熟成的意思。

如同《廣辭苑》第七版裡「存在於陸地的表面，具備光線、溫度、降雨等外在條件下，可以作為支撐植物生長的介質。以岩石的風化物、堆積物為母質而形成。作為生態系的中樞，在孕育植物等陸地生物的同時，也分解落葉、動物等的殘骸，掌控元素的正常生物地球化學循環」的說明一樣，土壤也是明確表達岩石等母質花費長時間在氣候、地形、生命活動等作用下的生成過程、物質循環、糧食生產、環境調節等方面擔負重要角色的詞彙。

從岩石到土壤

土壤的原料是岩石。從原料＝母岩到形成土壤須經過2階段的作用，也就是風化作用與成土作用。

【風化作用】岩石與礦物受到空氣、水、熱等的作用而崩解，微粒化的過程。反覆的溫度變化、乾溼、凍結、融化的凍融作用稱為物理風化，因雨水與大氣的氧化與因水中所含鹽類而產生的化學分解作用則稱為化學風化。

【成土作用】因生物的活動而產生土壤的作用。經過風化作用而微粒化的母質受到化學作用而產生稱為「黏土礦物」的微小粒子。在經由風與水的力量下堆積而成的地方棲息著微生物與地衣，而其殘骸由微生物分解成有機質沉積。苔蘚類再以此為養分進行繁殖，其殘骸由微生物分解。一部分會作為「腐植質」沉積下來。這樣就形成了下述土層中，由A層與C層形成的新生土壤。

【土壤層的形成】當成土作用更進一步發展，在蟎、跳蟲、蚯蚓等進入活動後，加速岩石的微粒化及黏土礦物與有機質的沉積，這些物質相互作用形成「團粒構造」。

像這樣長時間的成土作用下，分化成A層（富含腐植質的黑色土壤）、B層（累積黏粒、氧化鐵等的褐色層）、C層（母岩的崩解物與母岩）形成「土壤層」。

土壤的生成

土壤生成過程

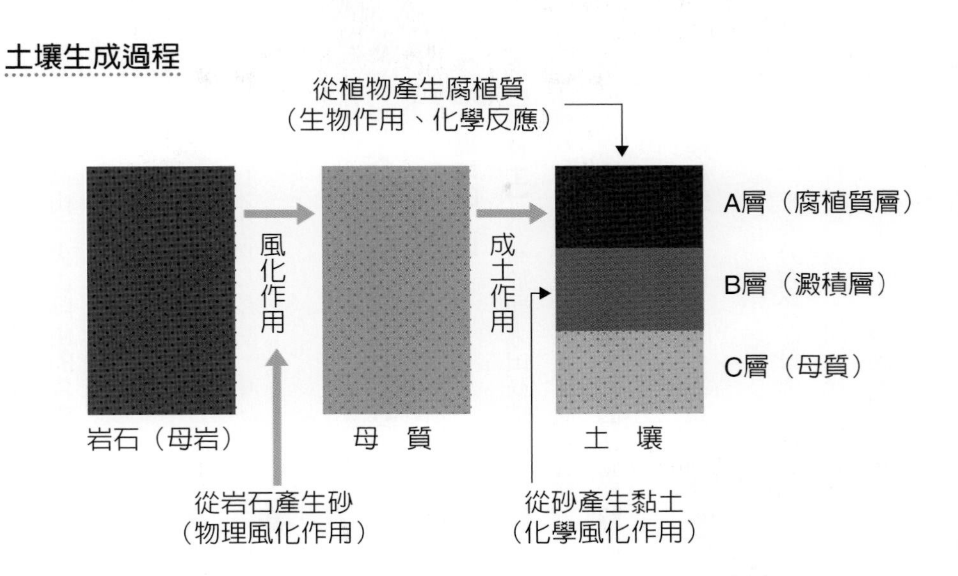

〔資料：渡邊和彥等「思考環境、資源、健康　土壤及施肥新知」（一社）全國肥料商聯合會〕

成土過程

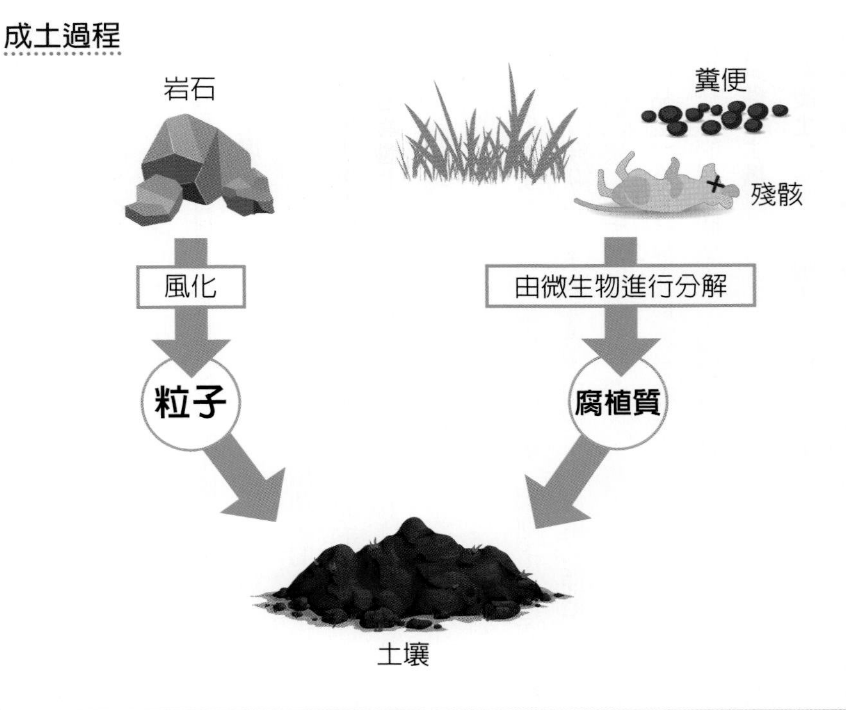

農耕地土壤的種類與特性

日本的土壤分類

日本因爲多溼、多雨的氣候而孕育豐富的植被生態，另受到險峻高山、火山降雨的侵蝕，地質、地形也較爲複雜。在這樣的環境下，依多樣的地形，分布著世界上獨一無二的土壤」（如下頁圖表）。

至今爲止許多機構嘗試分類日本的土壤，在日本土壤分類體系（日本土壤學學會）中，將其劃分爲10種土壤大群。

從地形來看主要的土壤群

・臺地、高地的土壤

【褐色森林土】 分布於非火山高地的落葉闊葉林帶（山毛櫸、水楢林）。暗褐色的腐植質層（A層）下，有褐色的B層。A層裡微生物與土壤生物的活動活躍，促使土壤團粒化（第10頁）。

富含鎂和鈣，占日本國土約30%，其多數分布於山林地帶。

【紅黃色土】 主要分布於西日本常綠闊葉林帶的丘陵地與臺地。腐植質層生成少，因B層含有許多氧化鐵，故呈現紅色或黃色。黏土質多，堅硬不利於耕種，多作爲果樹園與菜園使用。

・火山性土壤

【黑色火山灰土】 主要分布於關東以北與九州的火山地形。由於芒草、竹葉等禾本科植物供應大量有機質而聚積大量腐植質，團粒構造豐富。雖然排水、保水性佳，但保肥性弱，易缺乏磷酸，近年由於土壤改良，逐漸成爲高生產力的農地。占日本國土約31%，約全國旱地的一半。

・低地土壤

低地土（沖積土）是由河川上游搬運來的沖積物堆積而成，依土壤顏色與地下水的影響，細分如下。

【褐色低地土】 分布於地下水位低、排水良好的區域。因爲氧化鐵的緣故，B層呈現褐色，作爲果樹園與旱田使用。

【灰色低地土】 平原或扇形地的土壤。因地下水位高，鐵分還原呈現灰色。主要作爲水田使用，但由於沖積作用，土壤肥力高，近年亦用於旱作。

【灰黏土】 分布於低窪地等受地下水影響較大的地帶。在幾乎缺氧的還原狀態下，土壤呈現藍灰色。

・其他的土壤

【泥炭土】 處於低溫溼潤的環境，不利植物分解，肉眼可見纖維質的土壤。多分布於北海道，儘管氮以外的養分少，物理性也較差，由於排水改良，可以用於水田。

日本主要土壤

依地形區分日本土壤分布

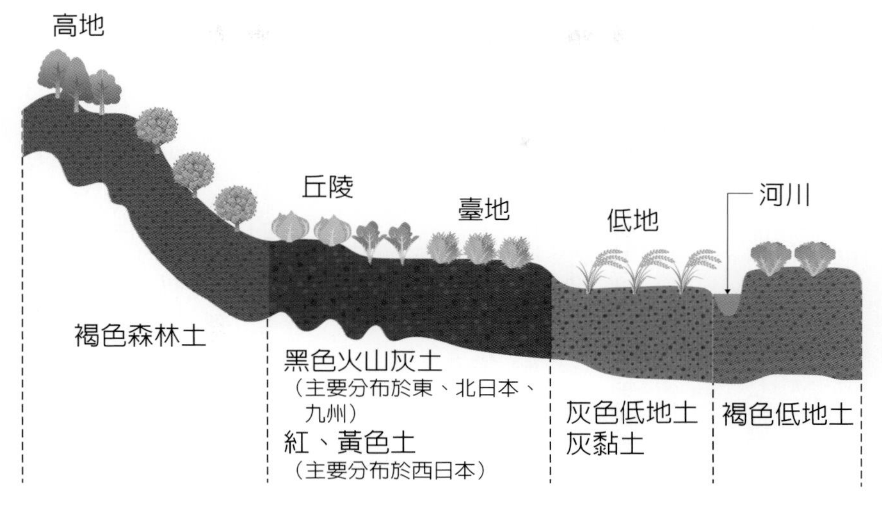

〔資料：「土壤環境改良及作物生產」（一財）日本土壤協會〕

日本主要土壤種類

※各種土壤的詳細介紹，請參考第11章

〔照片：（一財）日本土壤協會〕

土質的區分與評估方法

何謂土質

土壤是由各式各樣的顆粒所組成，依照顆粒粗細所含的比例，具有不同性質。富含粗顆粒的土壤，有良好的透水性（排水）與通氣性，以細顆粒爲主的土壤，則有良好的保水性。像這樣土壤顆粒依粒徑大致可以區分爲砂（粗砂、細砂）、坋土、黏土等5種（粒徑2mm以下，如下頁圖表），根據土壤顆粒的含量對土壤進行分類，則稱爲「土質」。

土質區分

關於土質的區分，國際土壤學會法根據砂、坋土、黏土的含量比例區分爲12種，但日本「農學會法」僅根據黏土的含量比例簡略分爲5種。

土質不僅有保水性和通氣性，與養分含量、保肥性、黏性、緩衝效能、易於耕種程度也密切相關，對於作物生產力具有極大影響。

土壤保持水分的能力，中礫質的壤土通常優於粗礫質的砂質壤土與砂土，而實際上植物生長時，中礫質的壤土中可利用的有效水分也有較高的情況。由於此緣故，一般來說最適合農耕的土壤是「壤土」，其次則是「黏質壤土」。

另一方面，關於火山灰土與低地土，有時表層與下層可能具有不同的土質。土壤環境改良除了淺層的土質，重要的是還要考慮土壤的構成與地形的影響。

土質評估方法

爲了正確分析土質，對於土壤中的砂、坋土、黏土含量，也就是說必須對粒徑組成進行機械分析，但在農業現場則可利用更簡單的方式，用大姆指與食指捏取少量的土壤，透過摩擦時的觸感來進行判斷。

有粗糙感爲砂土，有澀黏感爲黏土，有點澀黏又帶有粗糙感則爲壤土。若只是要判斷「農學會法」的5種，用此方法即可充分進行分類。

另外，亦有將含有少許水分的土壤放在掌心塑成棒狀，根據可塑成的棒狀粗細進行調查的方法。壤土可塑成鉛筆粗細的棒狀，黏土成分增加的話，可塑成細棒，若可塑成像紙捻般的細棒，則爲黏土。若根本無法塑成棒狀，則可判斷爲砂土（如下頁表格）。

土質的區分與評估方法

依土壤中所含的礦物粒徑區分

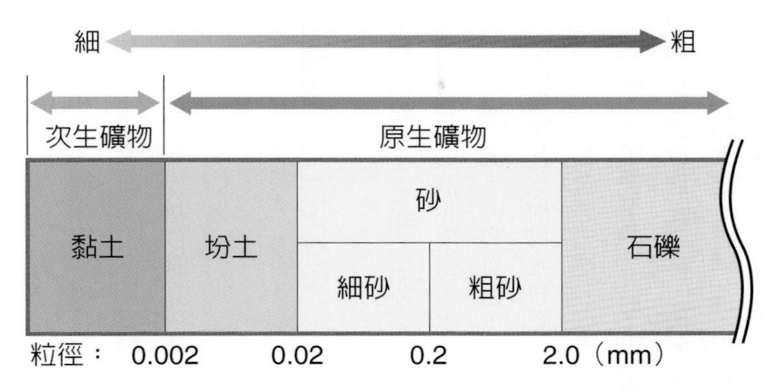

（資料：YANMAR「土壤環境改良建議」）

用手指判斷土質（依日本農學會法的5種類）

區分	砂土	砂質壤土	壤土	黏質壤土	黏土
黏土與砂的比例感覺	粗糙、幾乎只有砂的觸感	感覺大部分（70～80%）是砂，僅有一點點黏土的觸感	砂與黏土各半的觸感	大部分是黏土，一部分（20～30%）是砂的觸感	幾乎沒有砂的觸感，只有溼溼黏黏的黏土觸感
分析後的黏土比例	12.5%以下	12.5～25.0%	25.0～37.5%	37.5～50.0%	50.0%以上
符號	S	SL	L	CL	C
區分	砂土	砂質壤土	壤土	黏質壤土	黏土
保水性	××	×	○○	○○	○○
透水性	○○	○○	○○	×	×
保肥性	××	×	○○	○○	○○
簡易判斷法	無法塑型	雖可塑型，但無法塑成棒狀	可塑成鉛筆一般大小	可塑成火柴棒一般粗細	可塑成紙捻般細長

（資料：前田正男等「圖解　土壤基礎知識」農文協）

了解土壤構造的三相分布

何謂土壤三相分布

土壤是礦物等無機物與各式各樣有機質顆粒聚合的固體（固相）、蓄積在縫隙間的水分（液相）以及空氣等氣體（氣相）所組成，稱爲土壤的「三相構造」。依各自容積比率稱爲固相率、液相率、氣相率（液相率與氣相率也合稱爲孔隙率），其分布比率即爲「土壤三相」。三相比依土壤顆粒的性質、土壤的種類、管理方法、深度等有所不同。

土壤的種類與三相分布

依土壤的種類，三相分布各自不同。從土質區分來看，黏土的固相率與液相率高，土壤變硬的同時也提高保水性。另一方面，砂土因顆粒粗，其固相率高，由於氣相率也高，所以保水性低而排水良好。火山灰土中的黑色火山灰土，因富含腐植質等土壤有機質，促使團粒構造（稍後介紹）發達，孔隙率增高，其保水性與排水都很好。

三相分布依深度而變化，一般來說氣相率隨著深度的增加而降低，固相率雖然會增加，但在水田與溼地裡，上方淺層的氣相率仍低。

一般來說，水分存於土壤顆粒間的微小空隙，而氣體則是存在於較大的空隙中。因此，高固相率的土壤中這些空隙較少，土壤變硬而妨礙根部生長。此外，高液相率的土壤中，由於空氣無法進入形成缺氧狀態，高氣相率的土壤則易乾燥，形成缺水。

團粒構造與適當的三相分布

像這樣，適合栽種的土壤具有適宜的保水性與透水性，也就是說同時供應充足的氧氣、液態水與肥料成分，需要兼具相反性質。包括土壤中必須存在大空隙（大孔隙）與小空隙（小孔隙），爲此目的需要形成「團粒構造」。黏土、腐植質等土壤顆粒，以有機質分解時分泌的黏著物、以鐵與鋁的化合物爲接著劑結合形成微小團粒，再進一步與眞菌菌絲及根部的分泌物結合形成集合體，而形成更大的團粒。這般「團粒化」的土壤對於農業生產至關重要。

三相分布與團粒構造

各式各樣的土壤三相（表土）

（%）

土壤種類	固相	液相	氣相
砂土	50	10	40
黏土	40	20	40
重黏土	40	30	30
火山性土壤	30	30	40

（資料：「HOKUREN肥料」HOKUREN農業協同組合）

土壤團粒的構成

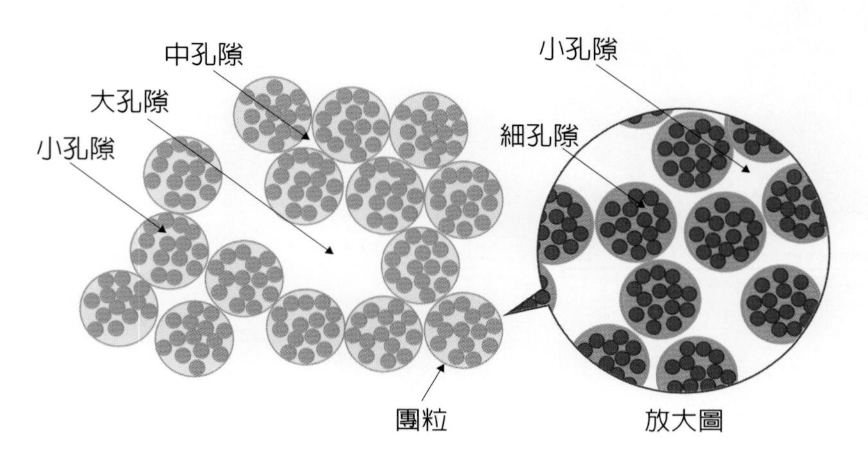

〔資料：渡邊和彥等「思考環境、資源、健康　土壤及施肥新知」（一社）全國肥料商聯合會〕

活用全國土壤圖

日本國立研究開發法人農業・食品產業技術總合研究機構（農研機構）在「日本土壤盤點」（https://soil-inventory.rad.naro.go.jp）串流平臺公開一般財團法人日本土壤協會根據「全國農耕地土壤圖」所製作的「全國數位土壤圖」。

全國數位土壤圖（比例尺為1/200,000）依放大顯示切換為農耕地土壤圖（比例尺為1/50,000）。在畫面中點選目的地，可以顯示土壤的分類名稱與其土壤特徵。部分土地還可以顯示與作物相對應的標準施肥量等。

此外，日本土壤協會利用GIS，編入國土地理院的地形圖與Google地球的圖像，販售可以作為土質圖的「農耕地土壤圖數據CD-ROM」光碟。

進行土壤調查時，建議提前研究如圖示之土壤圖後再進行實地調查。

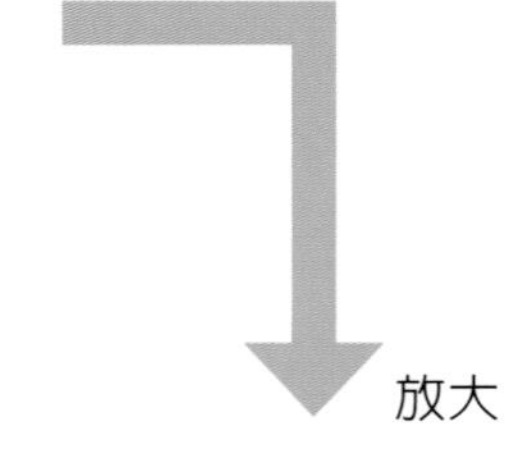

●「全國數位土壤圖」（出處：農研機構「日本土壤盤點」）

第2章

作物生長與土壤的作用

作爲栽種環境的土壤作用

作物栽種與土壤作用

對於作物，土壤的作用如下。

【支撐作物】讓植物的根深入土壤以支撐作物，使其不會倒下。

【提供水與氧氣】作物所需的水分與氧氣，兩者同時由根部適度供應。

【養分的供應與調節】從根部供應氮、磷酸、鉀等養分，透過土壤顆粒吸附養分與土壤微生物的活動，以調節養分的供應。

【物理、化學的緩衝能力】土壤的溫度變化幅度比氣溫小（白天低，夜晚高）。pH也不易改變，能在一定範圍內進行調節，具有長時間保持養分、水分與土壤微生物群落的緩衝能力。

水與氧氣的供應

土壤爲礦物質與有機質等顆粒的集合體。植物則是利用存於顆粒空隙間的水與空氣生長。一般而言，爲了向根部穩定供應水分，能適當地保持水分，以具適度排水性且團粒構造發達的中礫質土壤最爲理想（第16頁）。

養分的維持與供應

農地的土壤，需要適量地包含以可利用的形態供應作物所需的養分。氮（氨）、鉀、鈣、鎂等主要養分溶於水後變成陽離子，在吸附帶負電荷的土壤顆粒後，經由根部被植物吸收（如下頁圖表）。因此，顆粒細的黏土與富含腐植質的土壤，比砂質的粗顆粒具有更大的表面積，可以儲存更多的養分。此稱爲土壤的「保肥性」，以陽離子交換能力（CEC）來表示。

對於環境變化的緩衝能力

土壤具有緩和環境變化影響的緩衝能力。地溫的變化受熱傳導率、汽化熱、地熱等影響，變化比氣溫小。此外，強酸性的降雨也由於土壤顆粒的離子吸附功能，根部所吸收的水分pH值變化不大。透過維持土壤微生物群落的平衡，也有抑制病原菌急速增殖的效果。此外，近年來，透過使汙染物失去活性來維持環境的能力與吸收溫室氣體的功能等，對於環境的廣泛緩衝能力受到關注。

作物生長與土壤

土壤的作用

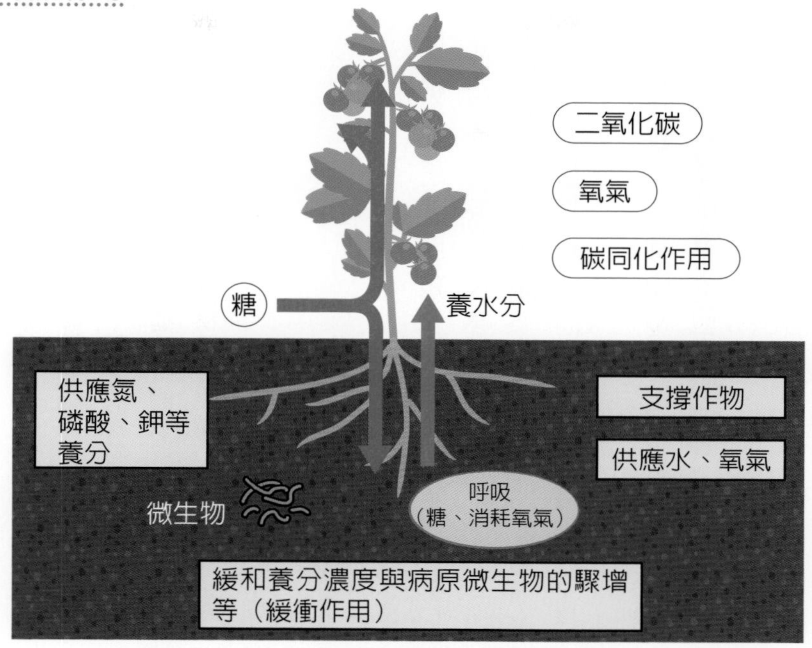

〔資料：「土壤環境改良及作物生產」（一財）日本土壤協會〕

土壤維持養分的機制

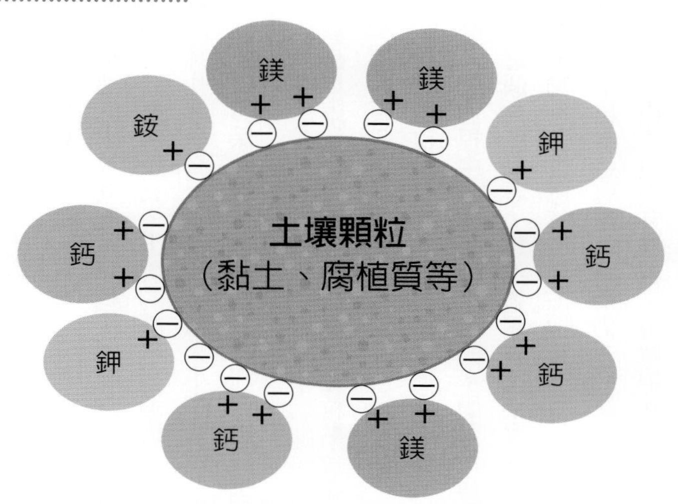

由於土壤帶負電荷，可讓帶有陽離子的作物吸附所需的養分

促進根部發育的土壤環境

根部有下列多種作用

在地面下擴展延伸並支撐作物。／吸收養分、水分與氧氣的同時，分泌二氧化碳與各種有機質。／吸收氧氣進行呼吸。／進行光合作用製造澱粉與氧氣而產出能量。／合成氮化合物與生長調節物質，幫助植物體吸收養分。／透過分泌酸、糖、胺基酸等促進磷酸的吸收。／根部的分泌物滋養根圈微生物，促進植物體吸收養分。／以塊莖、根莖的形態儲存養分。

何謂適合根部生長的土壤

能使根部健康生長的土壤所需具備條件如下。

① 良好的透氣性、排水性、保水性與柔軟性。
② 均衡的肥料成分，適當的pH。
③ 擁有豐富的有機質，爲有用的微生物提供營養，有多樣的微生物相。
④ 不應有養分缺乏、過量、重金屬汙染、過溼、過乾、硬土、存在礫石層等阻礙生長的因素。

團粒構造的形成與根部

爲製造有助於根部生長的土壤，最重要的是土壤的團粒化。

砂、坋土等腐植質與黏土含量低的土壤顆粒，本身沒有黏合能力，處於鬆散狀態。此稱爲單粒構造（如下頁圖表）。單粒構造的土壤其孔隙率低，通氣性、排水性、保水性差，不適合根部生長。土壤的團粒構造從下頁圖表能清楚地看出其孔隙率高，並包含各種大小的間隙。因此，不僅具有排水性與保水性，也能創造有利於根部生長的環境。

土壤顆粒是腐植質等有機質與黏土顆粒黏合在一起，再與其他顆粒黏合，而產生團粒化。

初期的微小團粒爲了互相黏合形成更大的團粒構造，在有機質分解的過程中，微生物產生的多醣等扮演黏著劑的角色。從這個角度來看，爲促進團粒構造發展，堆肥等有機質的持續施用不可或缺。

此外，在單粒構造與團粒結構仍未發達的土壤中，混入稻草與綠肥作物等粗大有機質，可增加孔隙率，改善根部生長。

根部發展與土壤

根的作用

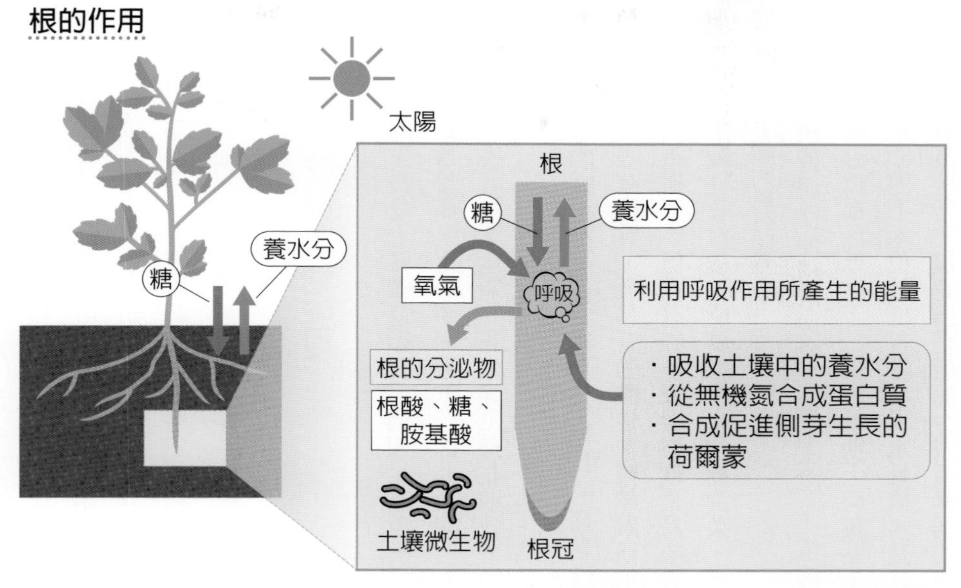

〔資料：「土壤環境改良及作物生產」（一財）日本土壤協會〕

單粒構造與團粒構造

土壤顆粒

黏土腐植質複合體

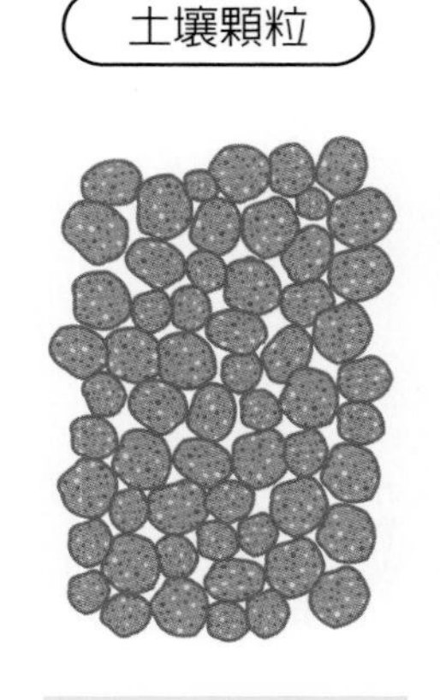

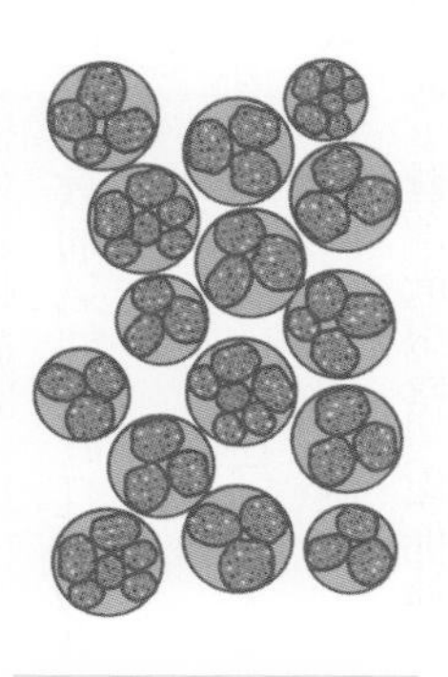

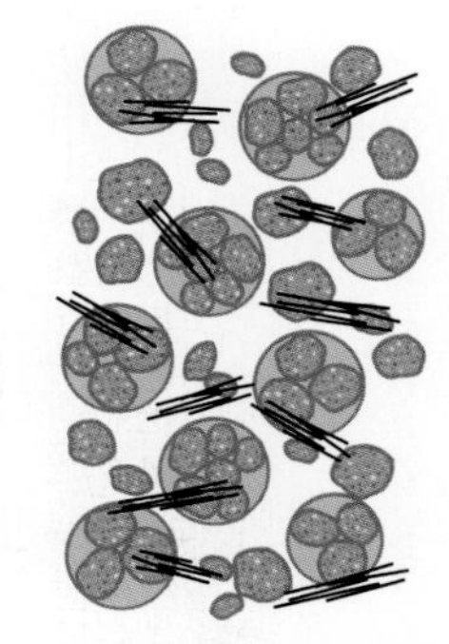

單粒構造的土壤

團粒構造的土壤

含有粗大有機質的土壤

通氣性、透水性不佳

通氣性、透水性良好

〔資料：「土壤環境改良及作物生產」（一財）日本土壤協會〕

善用土壤特性的適地適作

何謂適地適作

了解農地的特性，選擇適合該土地的作物，避免不合理的栽種，可確保品質與收成量。關於土壤的特性，可以區分爲土壤類型（黑色火山灰土、褐色森林土等）與土質（砂土、黏土等）。要了解農地適合的作物，需掌握兩者的性質。

土壤的種類與適地適作

作物的生長受土層構造影響。例如，黑色火山灰土表層的腐植質含量高，土層深而鬆軟。因此，適合栽種蘿蔔等根菜類、番薯等塊莖類、花生等生長在地底下的根莖類作物。

大部分的紅黃色土壤是帶有小顆粒的高黏性土質，缺乏腐植質等有機質，且具有強酸性。雖然廣泛用於栽種喜好酸性的茶樹等，但也有許多表層鬆軟且易於栽種的土地，在使用鹼性資材後，能廣泛用來栽種蔬菜，包括容易適應黏性土壤的馬鈴薯。

河川挾帶泥沙沖積形成的「低地土」，依據排水效果，依序區分爲褐色低地土、灰色低地土與灰黏土。褐色低地土分布於地下水位較低、容易引水且排水良好的土地上，如果灌溉得當，被認爲是最適合栽種水稻的土壤。灰色低地土與灰黏土分布於河川下游至低地。由於地下水位高，容易保持湛水狀態，在日本多作爲水田使用，但爲了提升稻米的品質，經常利用暗溝排水等嘗試進行土壤改良。

土質區分與適地適作

即使土壤的種類相同，土質（第14頁）不同的話，適合的作物種類也不同。土質對於作物的生長影響甚大，尤其果樹與根菜類，受到土壤的物理性影響更爲顯著。例如，梨在黏性相對較高的黏壤土中生長良好，而桃、葡萄與蘋果則更喜歡通氣性良好且含砂量多的砂壤土（如下頁上方表格）。

眾所周知，薤與番薯在砂質土壤中生長良好。當同一種作物栽種在不同土質的土壤時，作物將具有不同的性質與特徵（如下頁下方表格）。即便在狹小的區域裡，土壤的種類、土質也是多種多樣，在一定範圍的區域內進行生產的話，使用土壤圖等判斷適地適作非常重要。

土質與作物

利於生長的土質——依果樹類別

	葡萄	桃	梨	蘋果	栗	柑橘	柿
砂土						○	○
砂壤土	◎	◎		◎		○	○
壤土	○	○	○	○	◎	○	○
黏壤土	○	○	◎	○	◎	○	○
黏土	○	○	○			○	○

◎：最適合 ○：普通

（資料：依據倉岡唯行等「土質差異對於果樹苗生長的影響」島根農科大學研究報告第4號製表）

土壤適應性的事例

事例	砂質土	黏質土
白菜	雖然適合提早出貨，但易受到病害與寒害	耐病害、耐寒、抽薹晚、可控制其生長延遲出貨時間
白蘿蔔（冬季）	不耐寒、易空心老化、抽薹早	耐寒、不易空心老化、可控制其生長延遲出貨時間
牛蒡	根形優美，但外皮老化、易空心老化、香味少	外皮粗糙、不易空心老化、肉質綿密香味佳、根形不規則
馬鈴薯（秋季）	植株生長勢弱、易受病害、寒害、收成量低	植株生長勢旺、耐病、耐寒、高收成量、肉質結實、耐儲藏
洋蔥	早生扁平外型美觀碩大，但質地不緊實、皮薄、不耐儲藏	紡錘形粒小、皮厚、耐儲藏，但收成晚
蒜頭	質地緊實度差、外皮薄、多病害	球莖肥大、質地緊實、外皮厚、耐病害、耐儲藏
西瓜	早生外型優美，但果肉軟、多病害	晚生粒小，但果肉緊實、品質佳
草莓	早生果型大，但果肉軟、儲藏時間短	果小且硬

（資料：熊本縣地產、地消網「蔬菜栽種的基礎知識」）

何謂地力高的土壤

何謂地力

土壤生產作物的能力總稱爲「地力」。另一個術語「土壤肥沃度」，則表示提供作物生長所需水分與養分的能力，但地力則是更直接地指耕地的作物生產力本身的術語。在日本《地力增進法》定義爲「源自土壤性質之農地生產力」。

地力的構成要素

地力相關主要因素可分爲物理性、化學性與生物性等3要素。

【物理性】與根部生長有關的環境。包括存在所需深度的鬆軟土壤（有效土層的深度、表土的深度）、適宜的保水性與排水性。

【化學性】供應作物養分的能力。包括土壤有適宜的pH、養分均衡且爲可利用的形態、吸附肥料養分的能力（保肥性=陽離子交換能力）高。

【生物性】具有土壤生物的多樣性、土壤微生物的活性、分解有機質的能力、對病蟲害的抗病性。

這些要素不是獨立而是相互關聯（保肥性是物理性與化學性，團粒構造是物理性與生物性，地力氮是生物性與化學性的相互作用）產生適合作物栽種的條件（如下頁上方圖表）。如果這些要素中的任何一項處於不良的狀態，作物將無法正常生長。而且，如果作物的種類改變，適合的條件也會跟著改變。地力需要以多方面來綜合評估。

改良土壤以提高地力

由於土壤的物理性是由土質（第14頁）決定，無法在短時間內透過混入堆肥與有機資材來改良土壤，需要長期持續進行深耕鬆土、設置暗溝、客土、清除石礫等土木工法來改良土地。

另一方面，關於化學性，例如施用碳酸鈣可讓酸性土壤的pH值在短期內得到改善。在1960年代，也有對強酸性的黑色火山灰土施用大量熔磷來增加磷酸的供給而一舉提高生產力的案例。

適當的養分供應對於改善土壤的化學性固然很重要，但需要定期實施土壤診斷進行監測。

對農作物而言良好土壤的條件

地力構成要素

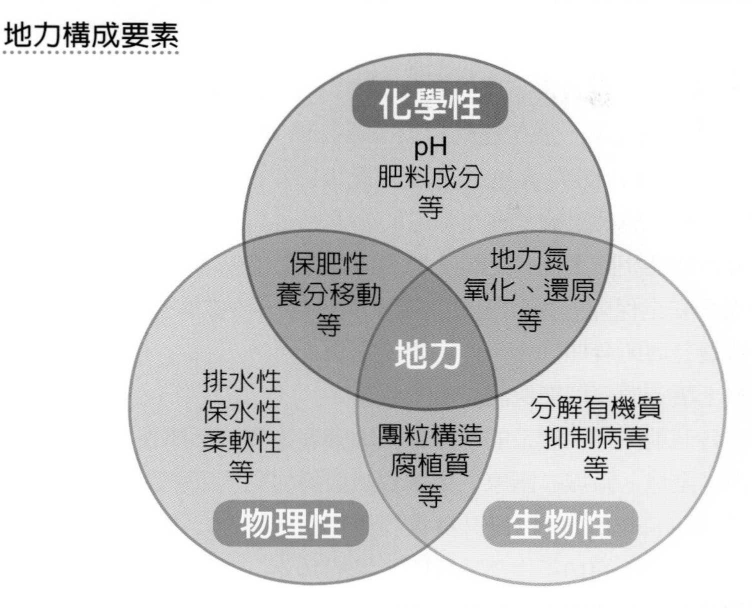

（資料：藤原俊六郎「新版　圖解土壤的基礎知識」農文協）

良好土壤的條件

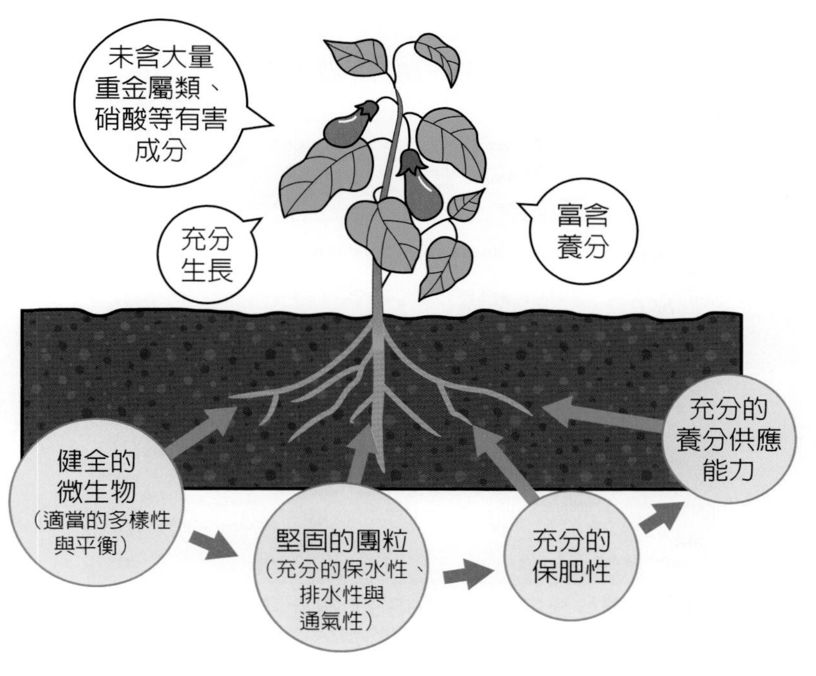

（資料：藤原俊六郎「新版　圖解土壤的基礎知識」農文協）

國際土壤年

由於世界各地的氣候異常，應對乾旱與荒漠化引起的土壤劣化成爲全球性問題。在這種情況下，爲了達到持續改善土壤資源並確保穩定的糧食供給，2013年12月聯合國大會通過決議，將2015年制定爲國際土壤年，FAO（聯合國糧食及農業組織）宣布其目的如下。

・使市民社會與利益相關者充分認識土壤對人類生活的基本作用。
・使土壤對糧食安全保障、氣候變化的適應與減緩、必要生態系統服務、減貧與可持續發展所發揮的突出作用獲得完全認可。
・推動可持續土壤資源管理與保護的有效政策。
・喚起對適合各個地區、生態系的持續性土壤管理投資的必要性。
・加強各層面（全球、區域、國家）土壤資訊收集與監測系統的能力。

同時，透過將每年的12月5日訂爲世界土壤日，IUSS（國際土壤科學聯合會）決議到2024年的10年作爲「國際土壤的10年」並持續活動。

配合國際土壤年，日本土壤肥料學會等相關團體舉辦了座談會、展覽、出版紀念刊物等各項活動。此外，有志工架設了「國際土壤年2015應援網站」。

其後，FAO制定每年世界土壤日的主題，日本國內在國立科學博物館舉行紀念展覽等，持續進行世界土壤日相關活動。

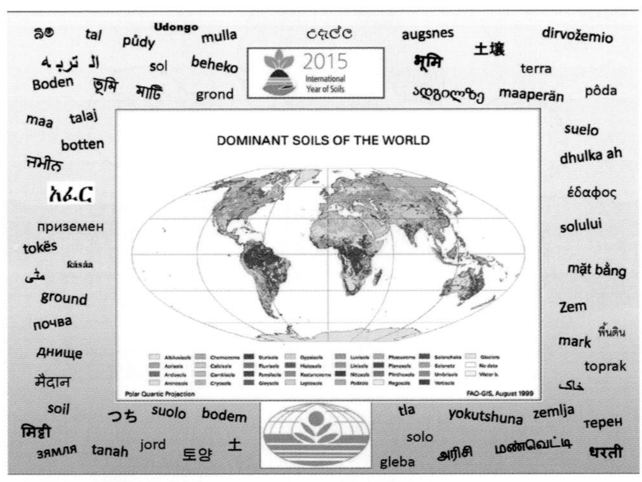

國際土壤科學聯合會（IUSS）為紀念國際土壤年，製作帶有各國「土壤」一詞的世界土壤地圖

（經R.Horn前IUSS會長授權轉載）

第3章

耕作土壤的條件與問題

水田土壤的最佳條件與問題

透水性、保水性

水稻原本是一種適應溼地的植物，具有從地表上輸送所需氧氣到根部的機制。因此，即使在湛水的水田裡也能容易地生長，但如果土壤呈現極度缺氧的狀態，很容易因有害物質的產生而導致爛根。另一方面，在透水性過高的水田中，養分被過度淋溶，也難以保持地溫。在砂質的水田等，因鐵分被淋溶，促進還原狀態，產生硫化氫，在成熟期容易出現妨礙根部生長的「倒伏」。日減水深落在20～30㎜（田面在一日內減少的水深）被認爲能維持適度湛水功能的透水性。

適當的土壤硬度、表土深度

水稻根部延展至表面的氧化層下方的表土層爲止，其下方有著難以透水被稱爲「犁底層」的地下礫層。近年來，由於使用機械翻土，使犁底層在較淺的位置形成，表土層的深度（表土深度）有變淺的趨勢。除了要確保根部生長所需的營養，也爲了避免有害物質的稀釋與高溫障礙，表土深度建議以15～20㎜爲佳。

適當的肥料養分

水田從上游流入溶解了許多養分的灌溉水，此外，由於湛水環境本身具備固氮作用，即使不施肥，水稻收成量也不會大幅減少。雖說如此，實際上爲了提高收成量與品質，施用了各種肥料。爲了促進微生物活動、補充地力氮，加入稻草、堆肥等，還需要資材來補充被大量吸收的矽酸與鐵，水田理想的養分含量是每100g乾土中，含有15㎎的矽酸與0.8%以上的游離氧化鐵。

水田土壤的現狀與問題

在近年的水稻栽種，基於重視味道的觀點，有逐漸減少追肥的趨勢。此外，爲了降低人力與成本，也不再施用上述的矽酸肥料與含鐵資材。另一方面，稻作已多以機械化栽種的關係，表土越來越淺。隨著全球暖化導致夏季酷熱，因缺氮造成稻穗白化現象（糙米的胚乳部變得混濁）頻繁發生，使得稻米品質下降。爲了適當的施用氮肥與維持養分吸收力，需要確保15㎜以上的表土深度。

水田土壤的環境與問題

土壤與水田生態系的構造

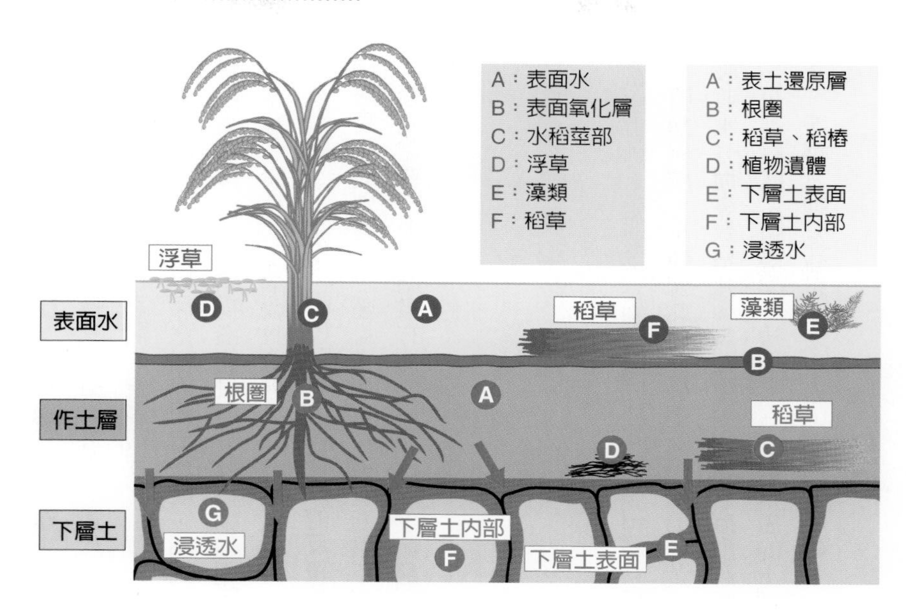

（資料：名古屋大學土壤生物化學研究室HP）

有利水稻生長的土壤環境——現狀與問題

良好的水田土壤環境	現狀	問題
● 適當的土壤硬度與表土深度（15～20mm）	● 表土深度越來越淺（10～12mm）	● 易受高溫障礙（根部入土淺）
● 適當的肥料養分	● 大幅減少施用氮（味道取向） ● 缺乏矽酸、游離氧化鐵（減少施用資材）	● 易受高溫燙傷障礙（缺乏氮、堆肥、矽酸） ● 部分地區出現倒伏的水田增加（缺乏游離氧化鐵）
● 適當的保水性、透水性	● 部分地區可見排水不良、漏水的田地	● 在排水不良的水田，由於稻草的分解延緩，初期生長容易變差 ● 漏水田可見倒伏現象

〔資料：「土壤環境改良及作物生產」（一財）日本土壤協會〕

旱地土壤（露天）的條件與問題

通氣性、排水性、保水性

如第16頁所述，作爲農地從土壤中的三相分布來看，固相率一般認爲45～50％較爲適宜。另一方面，對於固相以外的孔隙部分，液相與氣相之間的空隙成反比關係。作爲農地土壤必須兼具排水性與保水性的相反機能，爲此，所需要的就是團粒構造。團粒構造的發展必須投入堆肥等各種能成爲腐植質原料的土壤改良資材，以及將氧氣帶入土壤中的耕耘作業。近年來，由於使用農機具的反覆耕耘，耕地淺層易形成硬盤層，團粒構造也在這些衝擊下逐漸被破壞，因此需要不斷地施用有機質、進行碎土與翻犁等再生工作。

適當的養分濃度與平衡

蔬菜當中有許多需要大量肥料的作物，旱田經常積存鉀、鈣等鹽類與胺。正因如此，會發生葉子枯萎變黃或阻礙根部吸收水分而導致枯死。爲判斷由鹽類濃度引起障礙的風險，可進行EC（電導率）檢測。在一般旱田的土壤中，EC在2．5mS／cm左右時出現生理障礙的作物較多，施肥前的土壤中，EC以0．3mS／cm以下爲宜。此外，鉀、鈣、鎂這些容易引發生理障礙的鹽基類之間存在著某一方的增加即會影響某一方吸收的拮抗關係，過量使用會破壞平衡。Mg／K比以2～6之間較爲適宜。

旱地土壤的現狀與問題

【適當的pH與酸性土壤的改良】在降雨量較多的日本，鹽基容易被雨水淋溶，再加上肥料消耗後所殘留的硝酸與硫酸而使土壤自然酸化。爲保持土壤pH適中，應避免過量施用氮、鉀等肥料，在留意pH值的同時，適量施用石灰資材。

【連作障礙的原因與對策】連作障礙是同種作物或同科作物在同一地點重複連續栽種時，容易出現生長不良與病害的現象。主要原因被認爲是偏向消耗特定養分而導致營養均衡崩壞、增加病原微生物與線蟲等有害土壤生物。雖然慣行上實施輪作或水旱田輪作等措施，也採用連續施用堆肥、綠肥等有機質資材與致力於依序改變堆肥品質來活化微生物群落的做法。

旱地土壤的環境與問題

蔬菜類栽種土壤適宜的物理性與化學性

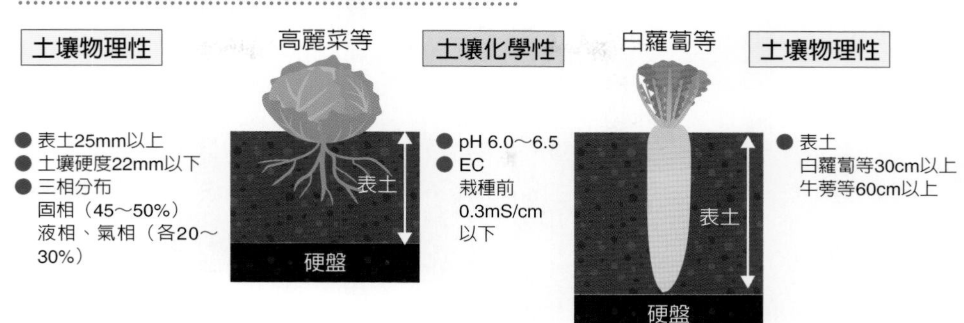

〔資料：「土壤環境改良及作物生產」（一財）日本土壤協會〕

適合旱田作物生長的土壤環境與問題

適合的旱地土壤環境	現狀	問題
● 良好的通氣性、排水性、保水性（團粒構造土壤）	● 視田區而定，可見排水不良等田區（水田轉旱作田等）	● 因田區的排水不良，易受溼害（麥、黃豆等）
● 土質鬆軟，淺層沒有硬盤層	● 在露天田區，可見硬盤層發達的田區（經農機具壓實等）	● 因排水不良，易受溼害 ● 土壤病害的蔓延（水為媒介） ● 以根菜類為主，作物的收成量與品質下降
● 肥料養分濃度適中，養分平衡	● 有鹽類聚積的情況，以溫室為主 ● 養分平衡崩壞	● 易出現生長障礙 ● 易發生土壤病害等
● 土壤中根圈微生物群落豐富	● 由於連作同一作物，可見病原微生物等密度變高的田區	● 易增加土壤病害、線蟲害等發生

〔資料：「土壤環境改良及作物生產」（一財）日本土壤協會〕

堆肥輪替避免連作障礙

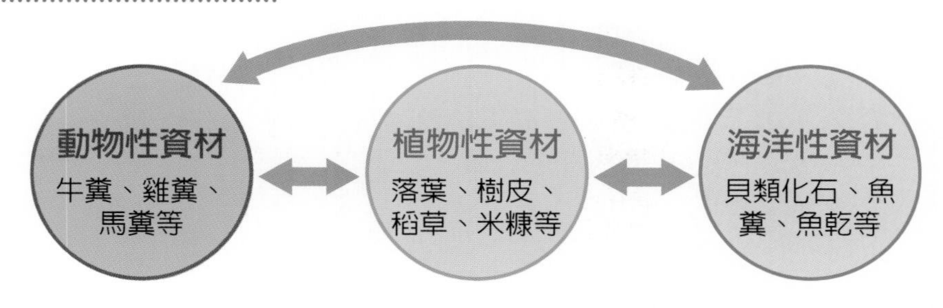

（資料：「蔬菜通信　2018年11月號」學研Plus）

溫室栽培土壤的問題

鹽類聚積的機制

溫室栽培完全不受雨水影響，以人工灌溉必要水量，標準量約爲每年降雨量的20%。由於溫室內的環境保持較室外空氣更高的溫度，相較於由灌溉而轉移至下層的肥料養分，因蒸發而從下層轉移至上層的肥料養分更多。由於這些水分含有高濃度的肥料成分，蒸發後結合成鹽分累積在表層。

多肥栽培帶來的問題

在溫室內，不論是化學肥料、有機質肥料或堆肥，皆被大量施用，因而殘留了許多未被作物吸收的多餘養分。氮與磷酸等殘留的養分會導致土壤酸化與營養失衡。此外，由肥料等衍生的硝酸鈣、硫酸鈣等的累積，會使土壤溶液的滲透壓上升，阻礙根部的養分吸收，造成生長不良（鹽類濃度障礙）。

氣體障礙

在容易施肥過多的溫室栽培中，累積的氮等肥料養分會產生胺與亞硝酸鹽等氣體，這些氣體滯留在玻璃與塑膠布的密閉空間裡，會對農作物造成損害。由中、下層葉片開始黃化，加速落葉，隨著障礙的惡化，會發生褐變、白化（草莓則黑化），甚至可能枯死。

溫室土壤改良對策

土壤診斷是發現溫室栽培問題的必要條件。檢測pH、EC、硝酸態氮，掌握鹽類聚積的情況與養分的平衡，以評估對策。

【對於鹽類聚積的對策】收成後，播種稱爲抑草作物能吸收大量養分的暖地型牧草種子，生長後作爲綠肥，耕入溫室土壤，能有效防止根瘤線蟲等溫室栽培中容易發生的連作障礙。也嘗試透過大量灌溉來淋溶多餘養分的方法，但會導致缺乏微量元素與環境汙染，現已不推薦。

【對於氣體障礙的對策】收集溫室內部凝結的露水來檢測pH。

對策包括溫室內部的換氣、維持土壤pH（中性～弱酸性）與栽種前透過土壤診斷抑制過度施肥等。

溫室土壤的問題

溫室土壤的問題點與對策

原因	問題點	對策
阻斷降雨	● 易聚積鹽類 ● 大量使用堆肥與化學肥料助長鹽類聚積	● 評估灌溉水量 ● 湛水除鹽
多肥、集中栽種	● 依據灌溉量與方法及石灰資材的施用量等，土壤可能變成酸性或鹼性 ● 養分累積（P、K）過多與養分失衡（Mg/K與Ca/Mg的比率）	● 實施土壤診斷 ● 依據診斷結果適當改良酸性與施肥設計 ● 避免連作 ● 栽種綠肥、耕入
空間狹小	● 氣體障礙（鹼性土壤的NH_3障礙，酸性土壤中的NO_2障礙）	● 監測、調節土壤pH

P：磷　K：鉀　Mg：鎂　Ca：鈣　NH_3：氨氣　NO_2：二氧化氮

（資料：松中照夫「新版　土壤學的基礎」農文協）

鹽類聚積的機制

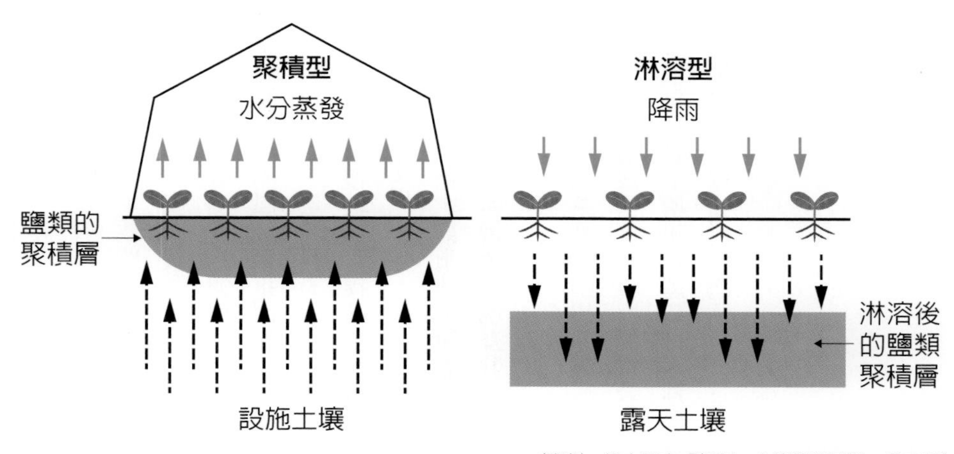

（資料：松中照夫「新版　土壤學的基礎」農文協）

果樹園地土壤的條件與問題

果樹園地土壤的特徵

栽種果樹、茶葉、桑樹等木本植物的耕地，稱為果樹園地。皆是多年生作物，栽種後不再翻耕，連續栽種數年至數十年，重複著同樣的土地管理。因此，在果樹園地中，依各個樹種有其特有的pH與鹽基組成。

果樹、茶葉的生長與土壤環境

【有效土層與排水、通風、保水性】 由於果樹根部的深度有時會達到2m以上，因此生產力受根部在有效土層分布的深度影響甚大。依照樹種的不同，建議土層有效深度應在60㎝以上，理想則是1m。在排水不良的果樹園地，根部易受溼害，土壤的物理性（排水性、通氣性與保水性）顯著影響品質。

【果樹園地土壤的養分平衡與pH】 近年來，水果栽種注重口味而不重視產量，為了增加糖分，有減少施用氮肥的趨勢。堆肥等有機質裡有些氮含量很高，而且在草生栽培管理（後續說明）中，除草也能提供有機質，因此必須注意施用量。另一方面，由於樹體的養分累積不足，存在影響隔年結果的風險，需要適當管理收穫前後的養分供應等。果樹適宜的pH因樹種而異，一般認為在5・5～6・5之間。適應酸性土壤的茶樹則約為4・0～5・0。

果樹園地土壤的管理與問題

果樹園地的土壤管理方法包含使用除草劑保持表土裸露的清耕法、留自主性雜草與牧草覆蓋表土的草生栽培，以及使用稻草與塑膠布覆蓋表土的覆蓋法。清耕法便於管理，但需要補充有機質以彌補下降的肥沃度，也存在農藥衍生重金屬累積的風險。正因如此，現今將牧草與雜草中的有機質還原到土壤，具有土壤改良效果的草生栽培已成為主流。另外，覆蓋法有提高含糖量的作用，需要酌情配合其他方法一起使用。

在果樹園地中，如上述，氮的施用受到抑制，但另一方面，過量的磷酸與鉀會破壞養分平衡，是導致果實出現生理障礙的原因。

此外，為增加茶葉中鮮甜味來源的胺基酸含量而大量施用氮肥，是造成環境汙染與溫室效果氣體排放的原因。使用農機具壓實土壤也會造成排水性與通氣性的劣化，需施用有機質與部分深耕來處理。

果樹園地土壤的問題與對策

果樹園地土壤環境的現狀與問題

良好的果樹等土壤環境	現狀	問題
●有效土層（60cm以上）與主要根域廣（30～40cm）	●可見土壤變硬，排水性與通氣性下降的田區（噴藥車等壓實土壤）	●可見生長勢下降的田區
●排水、透氣、保水性良好	同上	同上
●肥料養分濃度適中，養分平衡良好	●可見果樹養分失衡的田區 ●茶葉栽種因過度施用氮肥，可能在某些地區造成水汙染問題	●可見出現生理障礙的田區（缺乏石灰、硼、錳等）

〔資料：「土壤環境改良及作物生產」（一財）日本土壤協會〕

溫室土壤的問題點與對策

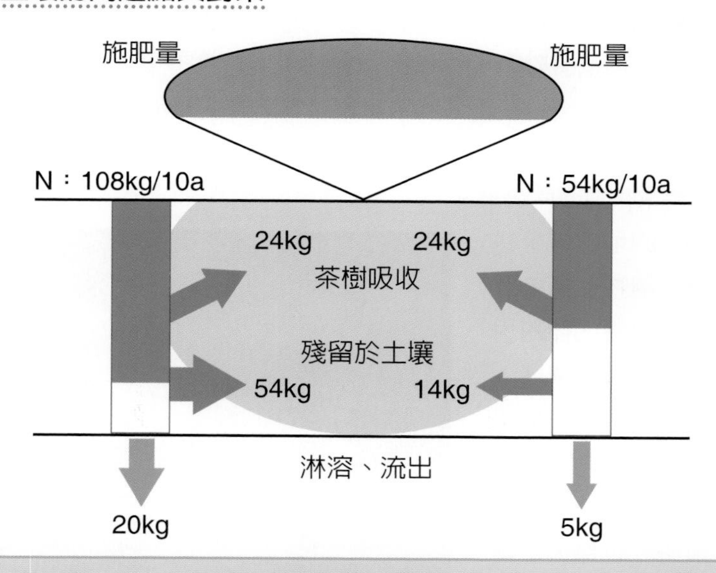

茶園採摘茶葉等，每年從茶園帶出的氮約為22kg/10a，即便增加施用氮肥也變化不大。因此，如果施用過量的氮肥，會增加土壤中的氮殘留量與流出量

〔資料：渡邊和彥等「土及施肥的新知」（一社）全國肥料聯合會〕

火星的土壤與農業

2015年上映的電影《絕地救援》描述一名太空人獨自被留在火星上，利用各種點子在直到獲救爲止受困564天的生存故事。這部電影特別令人印象深刻的是，主角在儲備糧食中發現新鮮的馬鈴薯，利用自己的糞便與從地球帶來的土壤合成有機肥，再與火星的「土」混合製成栽種用「土壤」的情節。

在航空宇宙發展史上，迄今已派出各種探測器前往火星採集與分析地表物質，特徵是存在紅棕色的氧化鐵、蒙脫石等黏土礦物等，特徵逐漸明朗。火星有大氣也有火山活動，也曾經有水，所以覆蓋火星表面的物質雖與月球表面的表岩屑類似，但又更多樣化。NASA等機構基於這些研究，一直嘗試創造成分接近「火星土」的模擬土壤，近年來，中央佛羅里達大學的宇宙物理學團隊依據最新探測車「好奇號」的研究成果開發「火星土」，並以每公斤20美元的價格出售。模擬的火星土壤中，已有成功繁殖蚯蚓的實驗等，火星農業雖然逐漸出現可能性，但另一方面，證明火星表面土壤所含的過氯酸鹽對生物極爲有害的壞消息也不少。NASA計劃在2033年執行載人登陸火星任務。爲了實現以年爲時間單位的任務，基地建設與當地糧食生產是必要的，雖然火星的土壤研究也是一項急迫的任務，其實現仍有待未來探索的發展。

在2019年的地球行星科學聯合會與土壤物理學會共同舉辦了三場會議。伴隨對太陽系各天體知識的擴展，曾經被稱爲地球科學或地學的領域現重新劃分爲「地球及行星科學」的範疇，土壤相關的學術研究也進入宇宙視角的時代。

第4章

何謂土壤診斷

現今土壤診斷的課題

土壤診斷有哪些優點

從土壤診斷的結果進行施肥、改良土壤可獲得的優點有3項。

【作物生長的健全化】 透過調查土壤中的剩餘養分，補充不足的養分與減少多餘養分來調節適當的養分平衡，可以防止作物障礙的發生，也能從收成量與品質兩方面來提高生產力。

【節省肥料成本】 了解土壤養分是過量或不足，判斷需要的肥料種類與施用量，有效率地施肥，從而節省肥料成本。在日本，作爲肥料原料的磷礦與鉀礦均仰賴進口，推估未來肥料價格仍將維持在高位，土壤診斷可以防止過度施肥，在經營層面變得越來越重要。

【減少環境負擔】 防止過度施肥造成的地下水汙染等，實現對環境友善的永續農業發展。硝酸態氮從富含營養成分的土壤中滲入地下水，或含有磷酸的土壤因暴雨等原因流入河川與湖泊，是造成藍藻等水源汙染的原因之一。

因「代謝症候群」引起的土壤病害漸增

戰後日本糧食短缺時期，日本的土壤也很貧瘠，特別是開墾地的土壤酸性很強，缺乏磷酸，導致作物收成量低。因此，在政府的補助下，推動土壤改良（改良酸性與頻繁施用磷肥），進而使收成量大幅成長。

然而，現今過度使用肥料，日本人的營養過剩增加「代謝症候群」（肥胖），如同糖尿病與高血壓等文明病增加一樣，蔬菜、花卉、果樹等園藝土壤中，「代謝症候群」也很明顯。硝酸態氮、有效磷、交換性鉀的過量，導致鹽基失衡、根瘤病、根腐病、萎凋病等各種土壤病害的發生。現代的土壤診斷中，相較於土壤養分的不足，對於養分過量的診斷與對策是更爲重要的課題。

土壤診斷分為2個階段：個人與專業機構

未來土壤診斷需在配備土壤診斷設備的土壤診斷室進行每年至少1次的準確分析，也需要任何人隨時隨地都能即時提供旱田土壤養分粗略指示的簡易土壤診斷。

以個人與專業機構的2段機制進行土壤診斷，減少多餘的肥料、穩定作物的收成量與品質、不汙染地區環境、能永續發展的環境保全型農業爲挑戰目標。

土壤的「代謝症候群」與土壤診斷

何謂土壤的代謝症候群（肥胖）化？

2段機制的土壤診斷

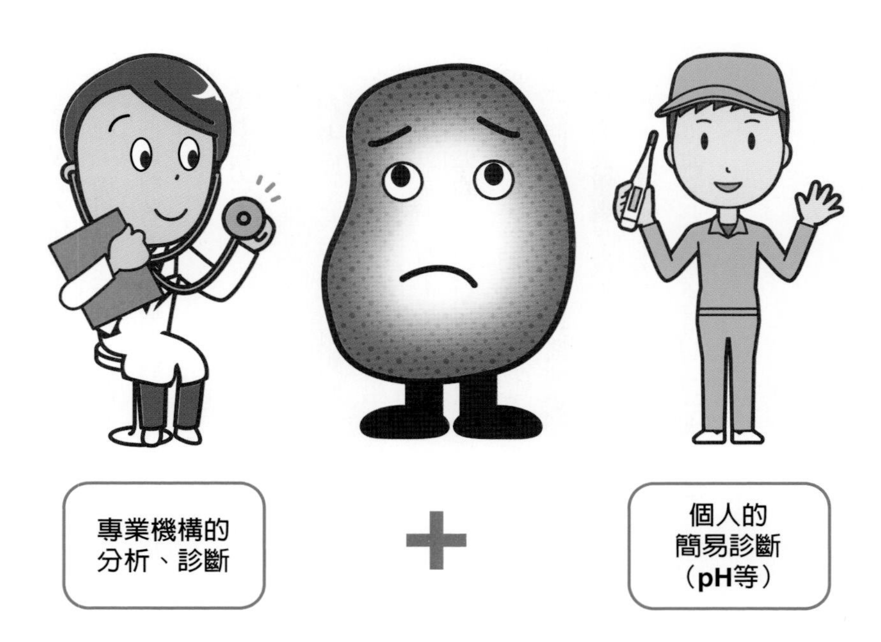

分析土壤的3種性質

最常見的是化學性診斷

土壤診斷如下頁圖表所示，是基於土壤的3種性質來診斷。

其中，目前最常進行的是「化學性診斷」。其原因是土壤的化學性對於作物的生長與收成量影響最大，而且無法透過觀察來確定，只有透過分析養分才能了解，且已建立分析方法，能較輕易得到分析結果。

在土壤的「物理性診斷」中，透過挖洞觀察土壤剖面，能掌握一定程度的資訊，但改善物理性並不容易，也較難顯示成效。

此外，在「生物性診斷」的分析需要專業知識與設備，且診斷方法尚未完成建立，因此不常實施。

土壤診斷從易於採取對策的化學層面進行診斷，使土壤更接近適合耕種的狀態，是提高收成量與品質的第一步。

生長障礙由複合因素造成

作物的各種生長障礙是由土壤的化學性、物理性與生物性所引起，且3種因素相互關聯，障礙通常也是由複合因素共同造成。

例如，從化學性來看，當土壤中的鹽類濃度（肥料養分濃度）高而作物生長較弱時，就容易發生病害。

從物理性來看，在排水不良的田區，根瘤病與各種根腐病等土壤病害往往容易傳播。

此外，從生物性來看，病原菌的活性受化學性變化影響。降低馬鈴薯品質的瘡痂病，會使土壤鹼化加劇。

今後生物性診斷也極為重要

在考慮生長障礙的對策時，不僅要診斷土壤的化學性，還要合併診斷其物理性與生物性。

要記得在僅靠化學性分析無法判斷的部分，可透過觀察生產現場的土壤並記錄生長過程等來補足，善用有效手段的土壤診斷，進而實現作物高品質、高收成量的生產。因此，個人日常診斷與專業機構診斷的2段機制對土壤病害防治尤其重要。

其中值得關注的是，診斷發病等級，以耕作防治爲主，減少非必要農藥使用的「HeSoDiM」系統（第118頁）。

要診斷土壤中的「什麼」

土壤診斷的3區分

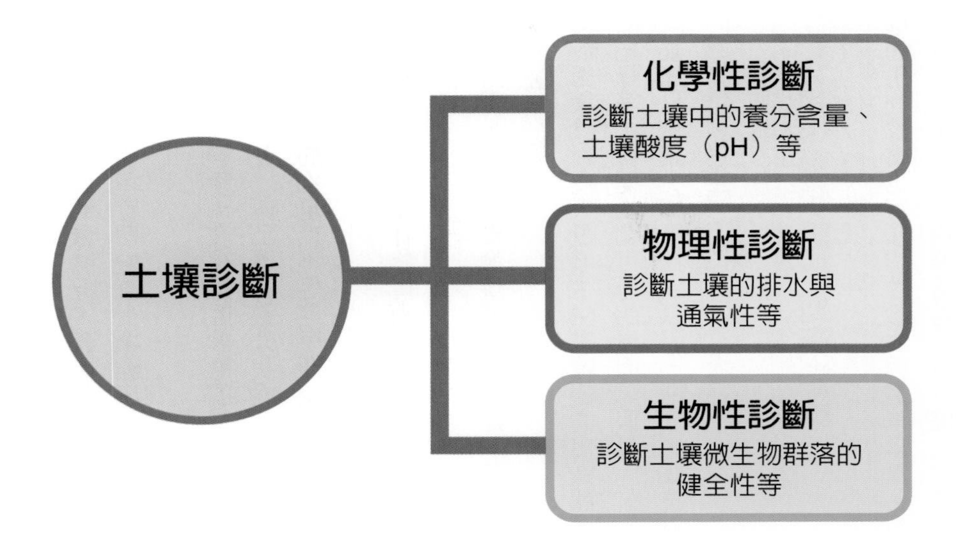

生長障礙（病害）的發生要因（範例）

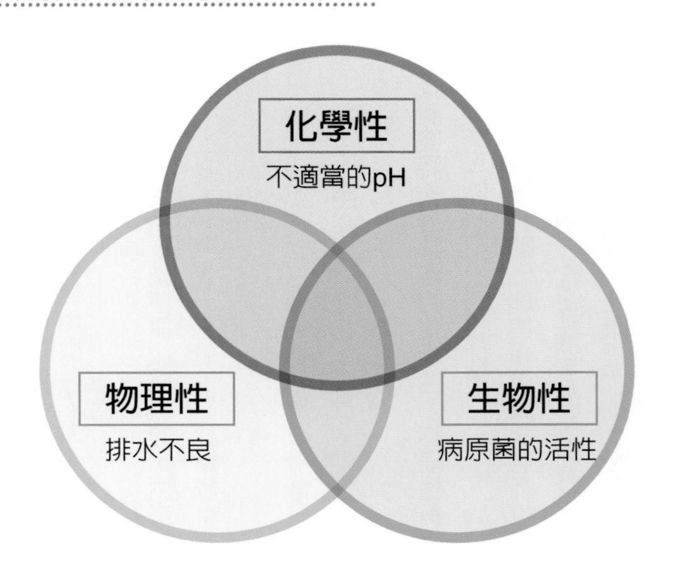

土壤的預防診斷與對策診斷

診斷的目的是預防還是對策（治療）？

土壤診斷按目的大致可以分爲2類。

【預防診斷】 掌握土壤健康狀況，預防生長障礙的發生，與人體健康檢查一樣，定期檢查土壤健康狀況能更有效地進行改善。

土壤的預防性診斷，在化學性診斷的情況下，掌握播種前的pH（土壤酸度）與土壤的養分狀態，目的是爲了診斷下期作所需養分的過量或不足等平衡狀態，進而能選擇肥料種類與決定施用量。

【對策診斷】 這是在發生作物障礙時進行的診斷，目的是調查障礙的原因並實施對策。

以人類而言，就像出現發燒或咳嗽等症狀時，去醫院接受檢查與拿藥一樣。

土壤的對策診斷要考量發生生長障礙的田區狀態與發生經過的紀錄等，從而推測可能的原因（假設），依土壤分析與調查加以驗證。如果找到原因，則實施改善對策，當障礙的發生得到改善時，則完成對策診斷。

生物性診斷也有預防與對策診斷

土壤的生物診斷也有預防性診斷與對策診斷。預防性診斷是觀看土壤中的微生物群落是否處於健全狀態。對策診斷是發生土壤病害與線蟲害時，確認土壤病原菌與線蟲的種類來實施對策。

診斷微生物群落是否健全的方法，分爲B／F值與A／F值等指標。

B／F值爲B（細菌數）／F（絲狀眞菌數＝黴菌數）。

A／F值爲A（放線菌數）／F（絲狀菌數＝黴菌數）。

在健康的土壤中，細菌與放線菌的比例高於絲狀眞菌（＝黴菌），B／F與A／F值用於診斷微生物引起的連作障礙。

善用「預防診斷」

下頁圖表將土壤診斷的化學性、物理性與生物性的診斷內容，分爲預防診斷與對策診斷。

其中，「預防診斷」即使在健康狀態下也可以透過定期診斷來有效預防病害，並在病害惡化前及早應對。

維持土壤健康、提高土壤肥力的土壤診斷應善用「預防診斷」而非「對策診斷」。

土壤診斷的目的

土壤的預防性診斷與對策診斷

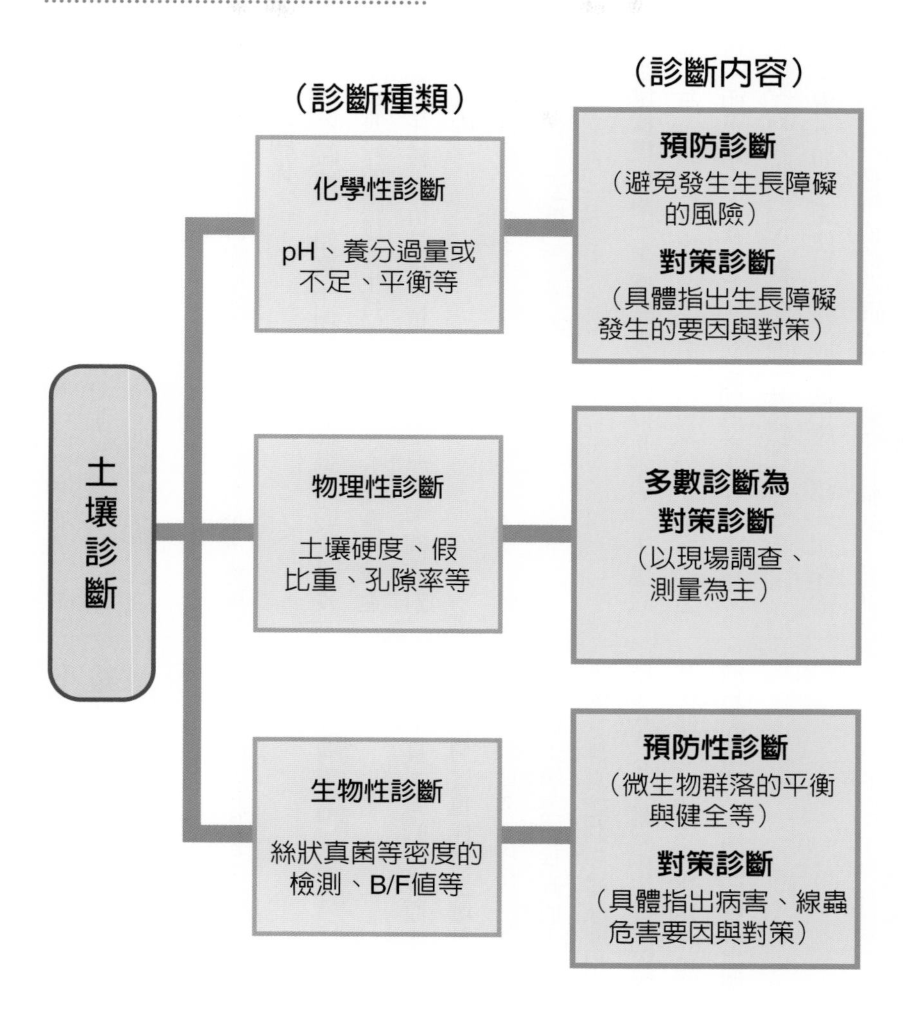

〔資料：「土壤環境改良及作物生產」（一財）日本土壤協會〕

正確的土壤樣本採樣法

適當的土壤採樣很重要

爲了土壤診斷（尤其是化學性診斷），以正確地採樣土壤診斷用的樣本爲基本。

【採樣時間】 基本上，應於作物收成後立即採樣。若想知道是否適合進行追肥，也可於生長期間採樣。

【採樣點】 土壤診斷的目的是爲了改善作物的生長，應重視與作物生長的關係。

在同一個田區裡，如果作物生長存在很大的生長差異，建議生長良好的區域與生長不良的區域分開採樣並進行分析。經由比較分析結果，更容易確定原因與確立對策。

表土樣本採樣法與調整法

【田區內土壤採樣位置】 考慮到養分的分布不均，不應只採樣1處，至少應從5處的表土層（根部分布最多的土層）採樣（如下頁上方圖表）。如左圖所示，在5處中，中央挖一個深約50cm的洞，觀察剖面，然後採樣表土層。

其餘4處，如下圖使用土鏟或移植鏝，挖一個深約20cm的洞，製造一個垂直的剖面，將土鏟平行插入，並在預定深度採樣。

【不可用V字型採樣】 此時，不挖洞直接從土壤表面以V字型採樣的話，無法做出準確的診斷。特別是溫室土壤，因鹽分容易聚積在土壤表面，以V字型採樣的話，硝酸態氮等的分析值會有過高的風險（如下頁中間圖表）。

【樣本的調整】 將5處地點採樣的土壤，置於水桶等容器中充分混合，製成1個分析用的樣本。分析所需的土壤樣本量約爲300g。

善用簡便的土鏟

下頁下方的照片原本是用於調查土壤中線蟲密度的土壤取樣勺，也作爲土壤診斷勺（藤原製作所製造）於市面販售（製作商：（株）藤原製作所）。

從土壤表面垂直插入並轉動握把1次，可以輕鬆採樣土壤且無需挖洞。從深度相同的5處取等量的土壤，正好是300g。雖然比家庭園藝用的移植鏝更貴，但可說是田區管理不可缺少的農具。無需挖掘即可輕鬆採樣土壤，但別忘記透過「挖洞」觀察土壤才是土壤診斷的關鍵。

為了正確地進行土壤診斷的樣本採取

土壤診斷調查中，土壤分析樣本的採樣位置

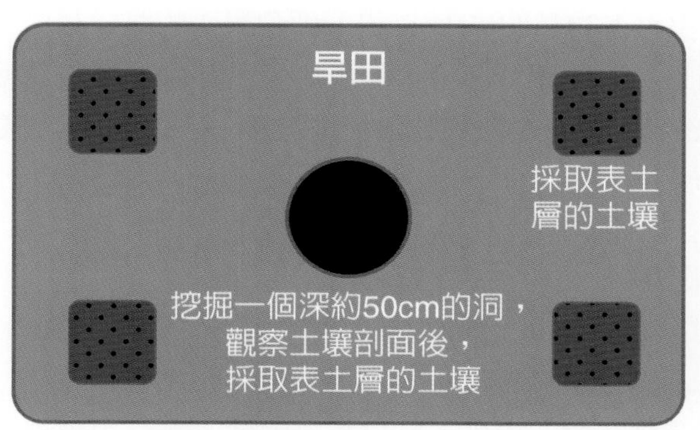

〔資料：渡邊和彥等「考量環境、資源、健康　土及施肥的新知」（一社）全國肥料商聯合會〕

從周圍4處地點採樣土壤

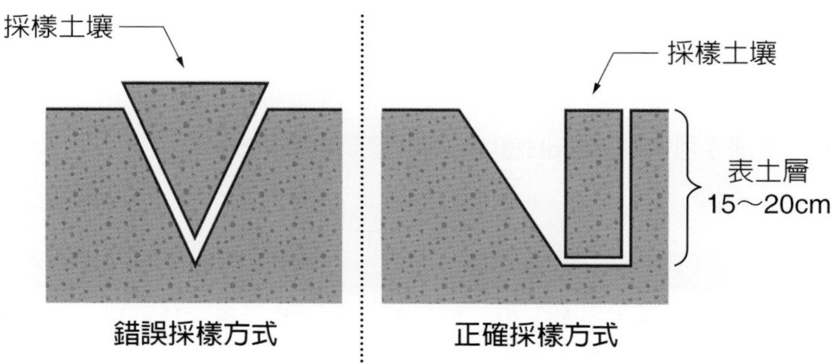

〔資料：渡邊和彥等「考量環境、資源、健康　土及施肥的新知」（一社）全國肥料商聯合會〕

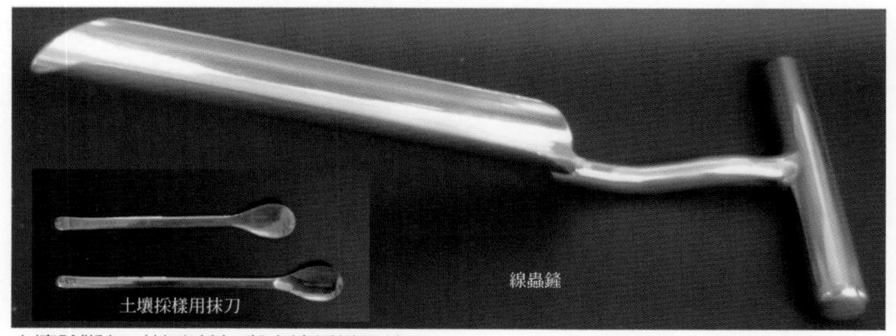

土壤診斷勺（線蟲鏟）與土壤採樣用抹刀

〔照片：（株）藤原製作所）〕

身邊唾手可得物品的pH是多少？

身邊唾手可得物品的pH與日本土壤最適宜的pH

將身邊唾手可得物品的pH做比較，藍色墨水的酸性最強，其次是胃液、檸檬與蘋果（詳下圖）。令人驚訝的是，運動飲料被認爲是鹼性飲料，卻是酸性液體。這就是酸梅乾儘管味道酸、是酸性的，卻是一種鹼性食物爲相同道理。

鹼性食品與酸性食品

鹼性食品是指燃燒時殘留的灰燼（無機物＝礦物質）呈鹼性的食品。

酸性食品是指燃燒時殘留的灰燼呈酸性的食品。

梅乾與釀造醋富含礦物質，燃燒後呈鹼性，充分表現出其爲鹼性食品。純乙酸燃燒後不會留下灰燼，是無法分類爲酸性或鹼性的單純化學物質。

人體體液中的血液，爲維持體內平衡，pH保持在7.4。吃大量鹼性食物也不會使血液變得更鹼性。

● 身邊唾手可得物品的pH值與日本土壤最適宜的pH

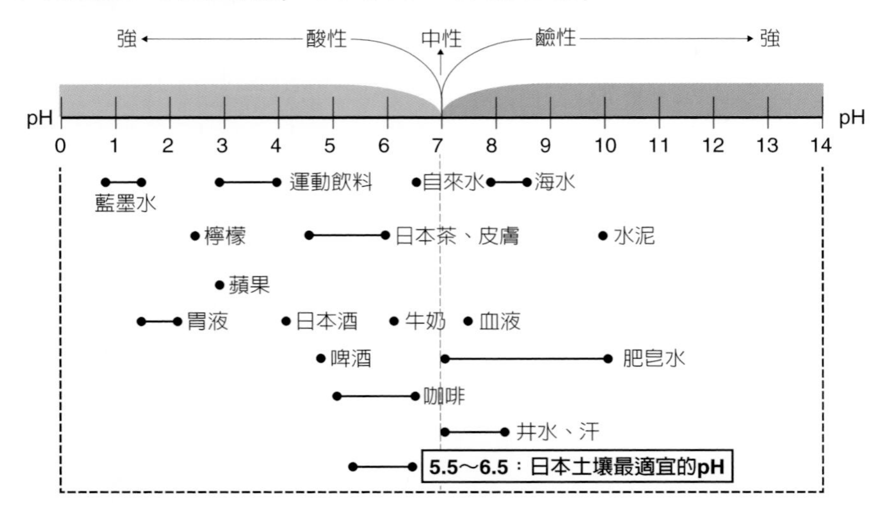

（資料：松中照夫「土即土」農文協）

第5章

化學性診斷的進行方法①（pH）

化學性診斷的項目與頻率

目的是掌握必要養分的過量或不足

就土壤化學性而言，植物生長不可或缺的元素稱爲必需元素。目前，必需元素大致分爲多量元素與微量元素，如下頁所示，分爲17種類。

這些必需元素，除了來自土壤與空氣、水的自然供應外，還必須透過施肥來補充。土壤中的必需元素過量或缺乏對作物的生長影響甚大。

因此，在進行與作物生長相關的土壤診斷時，重要的是要掌握根部所吸收的養分，利用化學性診斷掌握土壤中養分含量的同時，影響根部養分吸收的土壤特性與鹽類濃度、酸鹼平衡等診斷也很重要。

土壤診斷的項目與頻率為何

下頁附表彙整化學性診斷的主要項目。在實際診斷中，診斷全部項目的情況並不多見。

【應頻繁診斷的項目】

①pH、②EC、③無機氮、④有效磷、⑤具鹽基性的交換性鉀（鉀）、交換性鎂（鎂）、交換性鈣（鈣）。這些項目容易因施肥而改變，應提高診斷頻率。

此外，依據分析結果計算出的⑥鹽基飽和度與⑦酸鹼平衡（鎂/鉀比、鈣/鎂比）也容易因施肥而改變，需要同時進行。

【可降低診斷頻率的項目】

⑧陽離子交換容量（CEC）、⑨磷酸吸收係數、⑩腐植質含量。這些項目依照日常施肥管理等，不會產生太大變化，可降低診斷頻率。

【應頻繁診斷pH、EC】

尤其土壤的pH（酸鹼度）與EC（電導率）容易因施肥與灌溉等日常土壤管理而改變，同時診斷的話，可易於推測氮肥的殘留量與鹽基飽和度，因此建議頻繁地診斷。市面上有販售簡單的診斷工具可供個人用於診斷pH與EC。

如何診斷微量元素

雖然鐵與錳等微量元素的診斷頻率較低也無妨，但由於pH的變化等，容易導致發生缺乏或過量的情況，若pH發生顯著變化，或者懷疑微量元素影響作物生長時，建議委託土壤分析專業機構進行診斷。

化學性診斷的項目

作物的必需元素

多量元素

●由空氣、水

氮　磷　鉀　鈣　鎂　硫　碳　氫　氧

3要素（N、P、K）

微量元素

●主要來自土壤的自然供應

鐵　錳　鋅　銅　氯　鉬　鎳　硼

主要的土壤化學性診斷項目

① **pH**	（氫離子濃度：溶液的酸鹼度指標）
② **EC**	（電導率：鹽類濃度的參考指標）
③ **無機氮**	（銨態氮、硝酸態氮的含量）
④ **有效磷**	（或可供利用磷酸的含量）
⑤ **鹽基類**	（交換性鉀、交換性鎂、交換性鈣）
⑥ **鹽基飽和度**	（鹽基離子的總和與CEC的比值）
⑦ **酸鹼平衡**	（鎂／鉀比、鈣／鎂比）
⑧ **陽離子交換容量（CEC）**	（土壤保肥性的指標）
⑨ **磷酸吸收係數**	（土壤吸附磷比率的指標）
⑩ **腐植質含量**	（土壤中有機質蓄積量＝發現地力氮的指標）

pH測量是土壤診斷的基礎

何謂pH

pH用來衡量土壤溶液與吸附在土壤膠體（黏土與腐植質的微粒子）上的氫離子（H^+）濃度，是酸鹼值的指標。氫離子的濃度越高，酸性越強；反之，氫離子的濃度越低，則鹼性越強。溶解的氫離子越多，濃度越高，酸性越強，則pH的數值越低。

pH的範圍從0～14。廣義上來講，pH 7爲中性，pH小於7爲酸性，pH大於7爲鹼性。以酸性程度來細分的話，6．0～6．5爲微酸性，5．5～5．9爲弱酸性，5．0～5．4爲強酸性，4．5～4．9爲極強酸性。此外，中性範圍爲6．6～7．2。

微酸性是適宜的pH範圍

在日本，適宜栽種作物的土壤pH範圍介於5．5～6．5（弱酸性至微酸性），稍偏向酸性（依《地力增進法》，一般旱田的改良目標值設爲6．0～6．5）。

將適宜的pH設定在這個範圍內的原因有2種。

當pH爲低於5的強酸性時，會增加對作物有害的鋁溶解，對根部造成損害。

在日本，火山性土等酸性土壤較多，加上弱酸雨的自然酸化，所以選擇了在弱酸性也能生長良好的作物。

pH是衡量土壤溫度與健康度的指標

pH對於養分吸收與微生物的活性等，對作物生產有著極大影響，是土壤化學性診斷的基本項目。pH相當於人體體溫。對於人類來說，健康與免疫的正常體溫被認爲在36．5℃左右。就土壤而言，無論pH高低，與人體體溫一樣，非正常值內就無法獲得健康，所以pH測量是土壤診斷的基礎。

首先自行測量pH

下頁將介紹簡單又方便的土壤pH測量工具。有使用酸度測量液，用比色表測量pH的省錢方式或直接插入土壤中測量土壤酸度，以數值顯示pH的高單價工具等，市面上也有販售多種其他工具。就像每個家庭都有溫度計一樣，先準備一個pH測量工具，從自行管理土壤pH開始吧。

簡單又方便的土壤pH測量工具

簡單又方便的土壤pH測量工具

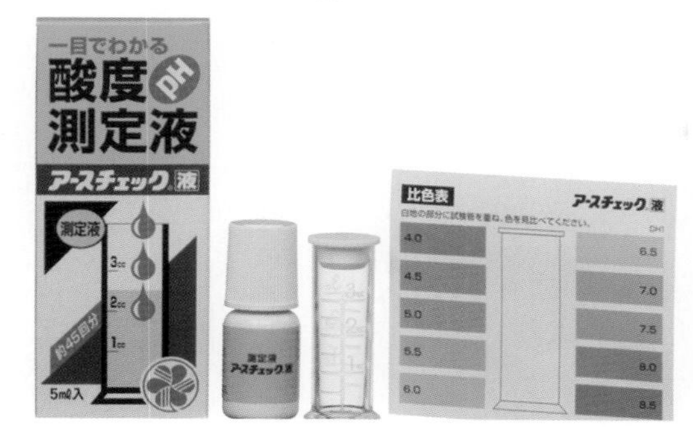

售價：**660日圓**（未稅）

使用方法：將土壤與自來水以1比2的比例混合，於上層澄清液中加入3滴試驗溶液，用比色表測量pH（pH 4.0～8.5）

土壤酸度計DM-13（竹村電機製作所）

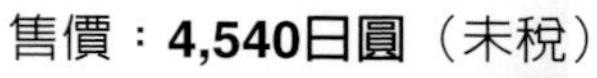

售價：**4,540日圓**（未稅）

使用方法：直接插入土壤中測量土壤酸性（pH 4～7左右）
（無需藥劑或電池）

LAQUA twin pH（堀場製作所）

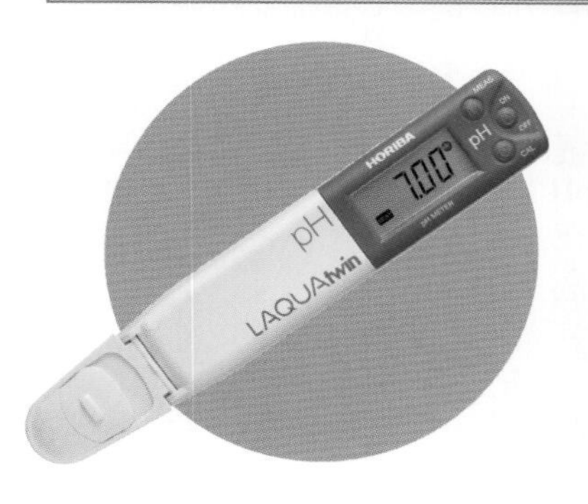

售價：
1 點校準　**22,000日圓**
2 點校準　**28,000日圓**（皆未稅）

使用方法：取乾土10g與水50ml置於燒杯中攪拌均勻。放置一段時間，待土壤與水分離後，將感測器插入上層澄清液中進行測量。可測量的pH範圍在2～12。另外，測量前需利用附屬的標準溶液進行儀器校正

詳細使用方法，請參閱各廠商網站。

適宜的土壤pH依作物而異

各個作物類別的適宜土壤pH範圍為何

第52頁已說明日本適宜栽種作物的土壤pH範圍介於5．5～6．5（弱酸性至微酸性）。

那麼，每種作物適宜的pH是多少？下頁附表依類型比較了常見作物、果樹與開花植物生長適宜的pH範圍。

從整體來看，附表中不論哪種作物都涵蓋在pH 5．5或pH 6．5的範圍內。

適宜多種作物的pH介於6．0～6．5左右，但作物適宜的pH範圍，則因作物而異。

何種作物不喜好酸性

菠菜適宜的pH被認爲介於6．5～7．0。從下頁照片介紹的菠菜栽種試驗來看，在pH 4．5的強酸性條件下不會發芽，pH爲7．1時的中性條件下生長最爲良好，鹼性過量的話生長會惡化，造成根部的發育衰退。

栽種菠菜時，發現生長不良，但很快抽薹的話，可判斷土壤pH約在5．5以下，說明土壤呈強酸性。

其他不喜好酸性，喜好接近中性土壤的作物包含蘆筍與果樹的無花果、葡萄等。

何種作物喜好酸性

另一方面，偏好酸性的藍莓在pH 4．5的強酸下生長良好，但在pH 6．5（微酸性）時，則生長不良，並可能導致黃化（葉脈出現變白的現象）。爲促進藍莓生長，作爲維持旱田酸性的資材，可利用未經調整的泥炭蘚（pH約爲4．0）。

其他喜好強酸性土壤的作物包含栗子與茶樹等，不受鋁過量導致損害，可以吸收鋁，是「聚鋁性植物」。

此外，水稻、旱稻與大麥、小麥不同，是偏好弱酸性的穀物。稻用育苗土適宜的土壤pH在5左右，據說當苗床的pH達5．5以上時，會增加稻作發生苗立枯病。

要注意土壤的鹼化

在下頁每種作物適宜的pH附表中，值得關注的是沒有作物喜好超過中性範圍7．0的鹼性環境。鹼性土壤會抑制作物生長。要注意，若不診斷pH，而不斷添加石灰資材的話，會加速推進鹼化。

適宜的土壤pH依作物而異

作物類別的適宜pH

pH	普通作物	果菜、豆類	葉菜、根菜類	果樹、花卉等
6.5～7.0	大麥		菠菜	無花果
6.0～7.0	小麥	豌豆、番茄	白蘿蔔、高麗菜、蘆筍	葡萄、杏樹、康乃馨
6.0～6.5	芋頭、黃豆	四季豆、毛豆、南瓜、紅豆、小黃瓜、茄子、甜玉米、西瓜、哈密瓜、蠶豆、青椒	白花椰菜、小松菜、土當歸、春菊、薑、芹菜、韭菜、青江菜、白菜、三葉草、綠花椰菜、萵苣、蔥	梨、柿、奇異果、柚子、菊花
5.5～6.5	稻、燕麥、裸麥	草莓、花生	洋蔥、牛蒡、大頭菜、胡蘿蔔	梅子、蘋果
5.5～6.0	地瓜、山藥、旱稻、蕎麥			水蜜桃、櫻桃、柑橘
5.0～6.5	馬鈴薯			
5.0～5.5				栗子
4.5～5.5				藍莓、茶樹、杜鵑、石楠

〔資料：「透過土壤診斷取得平衡之土壤環境改良Vol.3」（一財）日本土壤協會〕

pH與菠菜生長

〔照片：（一財）日本土壤協會〕

pH與肥料氧分的溶解性

肥料養分吸收隨pH改變

由於土壤中的養分隨土壤pH改變，使作物更容易或更難以吸收。

從下頁圖表來看，大多數的養分隨著酸性的增加而溶解度降低，作物不易吸收。肥料3要素的氮、磷酸與鉀，以及硫、鈣、鎂等必需的多量元素，在pH低於5以下的強酸性情況下，溶解幅度將會變小，降低養分的效果。

另一方面，鐵與錳、硼等必需的微量元素，在pH呈酸性時更容易溶解，呈鹼性時則不易溶解。

酸性會加深鋁害

鋁（Al）不是作物的養分，但pH低於5呈強酸性時，會迅速溶解於土壤中的水（土壤溶液）。溶於水的鋁會抑制作物的根部生長，但上章節介紹可將其「無毒化」的茶樹、栗子等聚鋁性植物除外。

鋁是構成土壤骨架的物質，大量存在於土壤中。儘管如此，若pH在適宜的範圍內，不會發生問題。然而，當pH低於5左右時，溶解度會急速增加，對作物根部的細胞造成直接損害，使根部生長急劇惡化。

土壤中也富含鐵與錳，跟鋁不同，雖然是作物的必需元素，但土壤酸化使其過度溶解的話，也會對作物造成過度損害。

鋁使磷酸失去效用

另一個問題是鋁和鐵、磷酸的結合力極強，結合後生成的磷酸鋁與磷酸鐵幾乎不溶於水。植物無法透過根部吸收不溶於水的物質。

酸性強且鋁溶於水的土壤，即使施用磷肥也無法被吸收，則作物就會缺磷。

改良酸性是優化土壤的第一步

改良土壤的酸性可防止存於土壤中的鋁被溶出，成爲磷酸易於發揮效用的土壤，大幅改善生長。

依照土壤診斷改良土壤酸性，是優化土壤環境的第一步。

pH與土壤養分、成分的溶解度

pH與土壤養分溶解度的示意圖

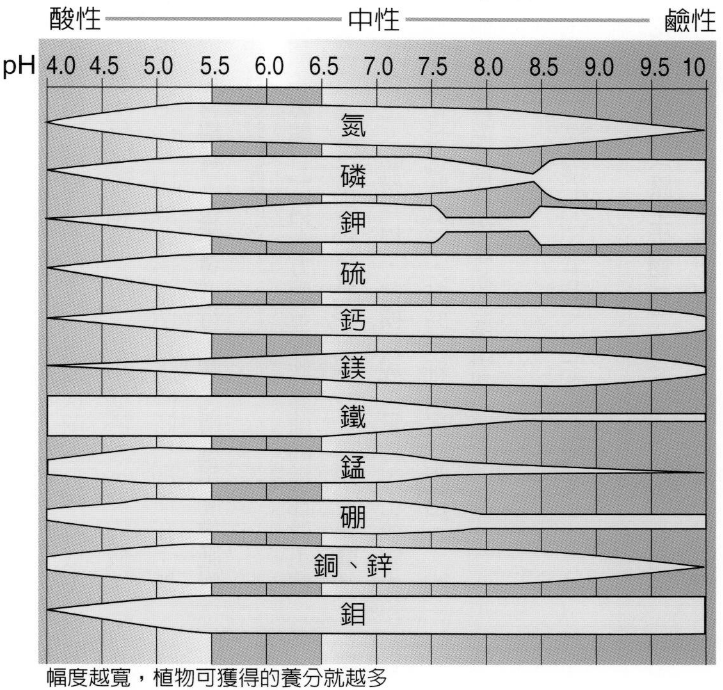

幅度越寬，植物可獲得的養分就越多

色部分適用多種植物

● 幅度越窄，溶解度越低。氮到鎂是必需的多量元素，隨著酸性增強，越難溶解。

鐵、錳、銅與鋅等微量元素，隨著酸性增強，越容易溶解。

● 鋁不是植物的必需元素。

酸性增強越容易溶解，會抑制根部生長。

〔資料：「透過土壤診斷取得平衡之土壤環境改良Vol.2」（一財）日本土壤協會〕

土壤病害的發生與pH的影響

土壤微生物的活性隨pH變化

第54頁說明依作物不同，適宜的土壤pH也不相同。下頁圖表將介紹每種作物適宜的pH範圍，但土壤中生存的微生物，依種類不同，適宜的活性化pH範圍也不相同。

【細菌與放線菌】細菌（Bacteria）與放線菌（分解有機質並在土壤中產生氣味的細菌）等，在pH低於5．5的酸性土壤中會降低活性。因酸化導致活性下降時，即使在土壤中施用堆肥等有機質，也不會進行分解，所施用的堆肥對作物將無法有效發揮作用。

【絲狀真菌（黴菌）】另一方面，絲狀眞菌的活性受土壤pH的影響並不顯著。由絲狀眞菌引起的土壤病害在酸性地區也經常發生。順帶一提，當換算成重量時，土壤中大約70％的微生物是絲狀眞菌，25％是細菌與放線菌。大約80％的植物病害被認爲是由絲狀眞菌引起的。

酸性地區較常發生的土壤病害實例

【十字花科根腐病（原生生物）】多發生在白菜與高麗菜等十字花科蔬菜，是一種典型的土壤傳播性病害。根瘤病菌（原生生物）是絕對寄生菌，只能在十字花科植物的根內增殖。於根瘤內部形成大量休眠孢子，能在土壤中存活10年左右。

一旦發生根瘤病，會因連作而急速增加汙染程度，進而擴大損害，是難以防治病害的其中之一，在根部感染形成根瘤，致使地上部呈現萎凋。

土壤pH與病害發生的關聯性是在pH爲5～6的酸性土壤中發生，在pH爲6．5以上的中性至鹼性土壤中發生率則急速下降。

作爲對策，施用即使提高pH也不易引起微量元素缺乏的「轉爐渣」，已獲得有效抑制發病的成果。

鹼性地區較常發生的土壤病害實例

【馬鈴薯瘡痂病（放線菌）】由鏈黴菌屬放線菌（細菌）引起的土壤病害。多發生在馬鈴薯並在日本各地發生。

馬鈴薯的表皮出現「疣狀」並產生褐變的病害，對收成量影響不大，卻是一種嚴重影響外觀的重大病害。

土壤pH越高，越易發生瘡痂病。作爲對策，可施用「硫酸亞鐵」將土壤表層10cm處的pH調整降至5．0。

pH與土壤病害的關係

pH與作物生長、發生土壤病害的關係

酸性區域					鹼性區域	
強	弱酸性		微	中性區域		微
	5.0	5.5	6.0	6.5	7.0	7.5	8.0
適合作物生長的區域	茶 藍莓等	馬鈴薯 地瓜 栗子等	多種 作物	菠菜 蘆筍等		
土壤病害微生物的發生	根瘤病（發生多）				（發生少）	
	馬鈴薯瘡痂病（發生少）				（發生多）	

〔資料：「土壤環境改良及作物生產」（一財）日本土壤協會〕

發生率隨pH變化的疾病（範例）

原生生物為原因

酸性土壤增加發生率

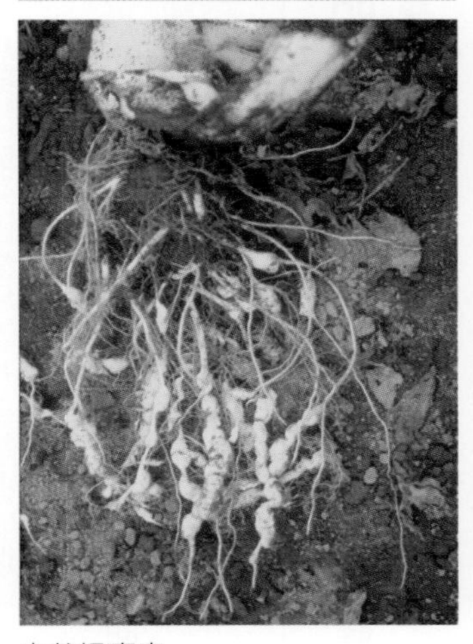

白菜根瘤病

放線菌為原因

鹼性土壤增加發生率

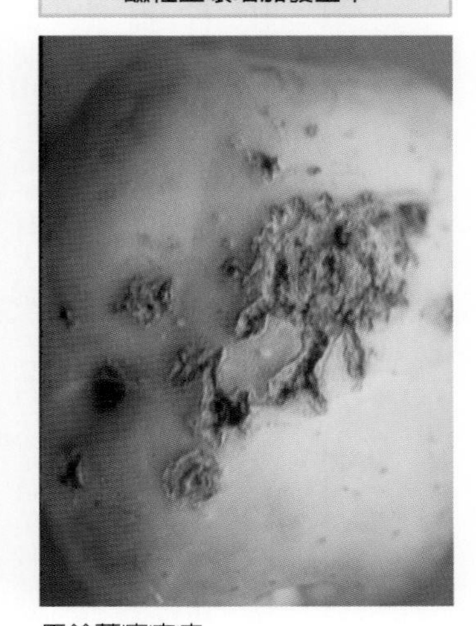

馬鈴薯瘡痂病

形成低pH土壤的原因有2大類型

依類型的原因與對策

【A型＝貧瘠型低 pH 土壤】 pH偏低的原因是土壤中缺乏可交換性鹽基（必需多量元素的鉀、鈣與鎂）的類型。

這類貧瘠型土壤多數是土壤養分容易被雨水沖失的露天旱田，作爲對策可施用石灰資材改良酸性，並積極給予堆肥等有機質與肥料。

【B型＝肥胖型低 pH 土壤】 pH偏低的原因並不是缺乏交換性鹽基，而是聚積過度硝酸態氮。這種肥胖型土壤，即使pH偏低，也不能施用石灰。

這類型的土壤，常見於溫室蔬菜與覆蓋塑膠布的戶外蔬菜或花田。若將石灰資材施用於此類溫室與旱田的土壤，雖然pH會提高，但EC（土壤中肥料濃度的指標）與鹽基飽和度（土壤吸附鹽基離子百分率）也會上升至更高，惡化成「高血壓、肥胖型」土壤。

同時診斷pH與EC，以掌握養分狀態

作爲是否施用石灰資材的指標，若EC達0．5 mS／cm（毫西／公分）以上，或者鹽基飽和度達70％以上的話，即便pH偏低，也不應施用石灰。若高於這個指標，則土壤酸化是由硝酸態氮聚積所引起。

在這種情況下，硝酸態氮的聚積是由於過量施用肥料與有機質（尤其是禽畜糞堆肥）所造成，有效對策是從源頭改善施肥。

若農民與家庭菜園愛好者想要掌握土壤中的養分狀態，應同時測量pH（酸鹼度）與EC（電導率）。僅這2項，就能推測一定程度的養分狀態。可善用市售的pH或EC簡易型測量儀器（第53頁）。

調查pH的結果顯示pH高達7以上的鹼性土壤時，應該怎麼辦？

即使pH很高，有人認爲「石灰是蔬菜栽種所不可或缺的」，而撒上石灰資材，也有人認爲苦土石灰能提高pH，而撒上酸性中和能力弱的牡蠣殼、貝殼化石粉，但都不是正確的對策。若pH很高，請勿施用任何石灰質材。這是最省錢也是最好的方法。

土壤低pH的原因與對策

發生率隨pH變化的疾病（範例）

A：貧瘠型　　**B：肥胖型**

露天旱田較多

溫室栽培較多

土壤pH低　　土壤pH低

交換性鹽基不足（K、Ca、Mg）

硝酸態氮聚積（NO_3、N）

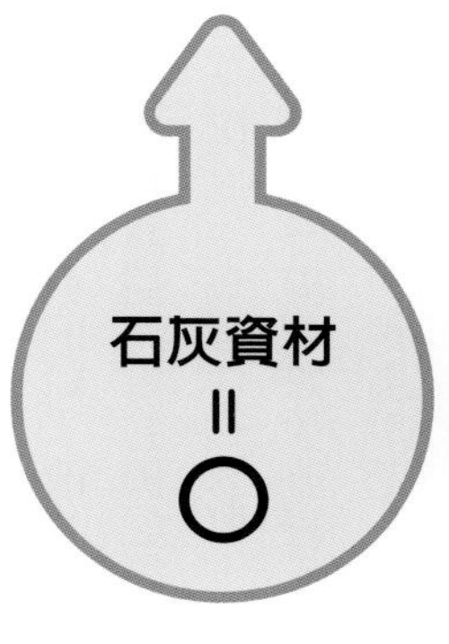

土壤pH的改良與注意事項

改良酸性的主角：碳酸鈣與苦土石灰

改良酸性主要使用資材（普通肥料）有3種。

【碳酸鈣】 原料是石灰岩（主要成分：碳酸鈣）的碎屑。

【消石灰】 將碳酸鈣在高溫下煅燒製成的「生石灰」中加入水而製成（氫氧化鈣）。

【苦土石灰】 原料是含有鎂的白雲石系石灰岩，經粉碎而成。

如下頁所示，皆具有能中和酸性的「鹼度」。以生石灰的鹼性最高，但加水後會劇烈升溫，因此難以處理。消石灰與種子、幼苗接觸後會引起障礙，必須在栽種前1～2週先與土壤混合。

爲此，迄今爲止，爲了改良酸性，主要使用易於管理的「碳酸鈣」與「苦土石灰」。

改良酸性的pH基準為何

改良酸性土壤時，pH提高1所需的石灰量如下頁表格所示，取決於石灰資材的類型與土壤的類型。但是，改良酸性有些事項需要注意。

若一次施用過多的石灰資材，微量元素（鐵、錳、鋅等）可能會變得無法利用，而導致作物出現缺乏症狀。作爲改良酸性的基準，需留意勿將pH提高到6．5以上。這是因爲土壤的pH一旦升高，就不容易恢復。

作物會吸收石灰嗎

於土壤施用石灰的目的除了改良酸性之外，還能替農作物補充鈣。爲改良酸性施用的碳酸鈣會在旱田積存，由於水溶性極低，因此不會被作物吸收。在pH達6或更高的情況下，仍發生缺乏石灰（如番茄底部變黑等）的旱田，應減少與鈣有拮抗作用的鉀施用量，供給易溶於水、易被作物吸收的石灰。以下有2項建議：

【石膏（硫酸鈣）】 比碳酸鈣更容易溶解，水溶液呈酸性，不會提高pH，也是硫的來源。也有僅由石膏組成的特殊肥料（如全農的「農鈣力」），但除了石膏以外，更划算的還有含磷酸的「過磷酸鈣」。

【硝酸石灰】 不會提升pH，且爲水溶性，易於作物吸收而受到注目的肥料。迄今，在北海道的馬鈴薯產地，因石灰會助長瘡痂病而少被使用，於追肥時使用石灰，已帶來馬鈴薯的薯球整齊與提升品質的效果。

石灰質肥料的種類與特徵

石灰質肥料的製造

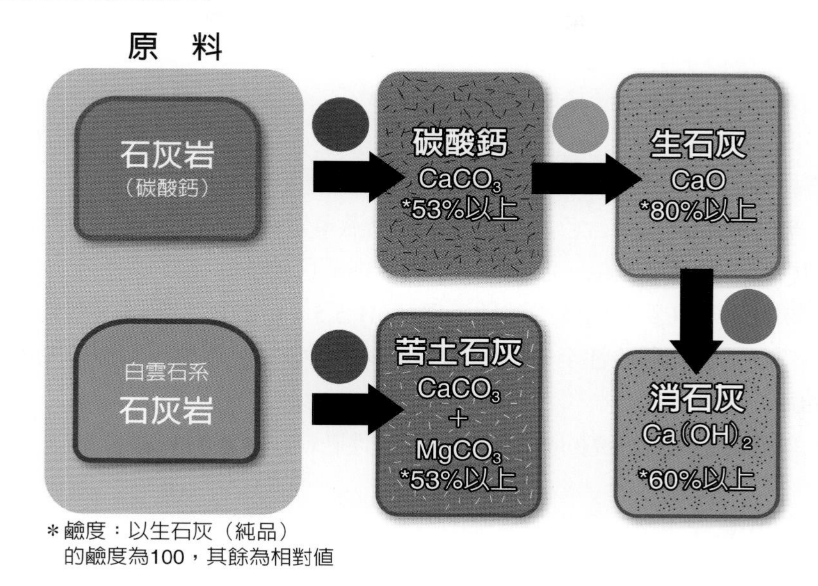

＊鹼度：以生石灰（純品）的鹼度為100，其餘為相對值

將土壤pH提高1所需的石灰量（kg／10a）

土壤的種類	碳酸鈣	鎂鈣肥	消石灰
黑色火山灰土	300～400	280～380	240～320
沖積土、洪積土	180～220	170～210	140～180
砂質土	100～150	90～140	80～120

（資料：「土壤診斷原來如此指南」JA全農肥料農藥部）

含水溶性鈣的肥料（不會提高pH）

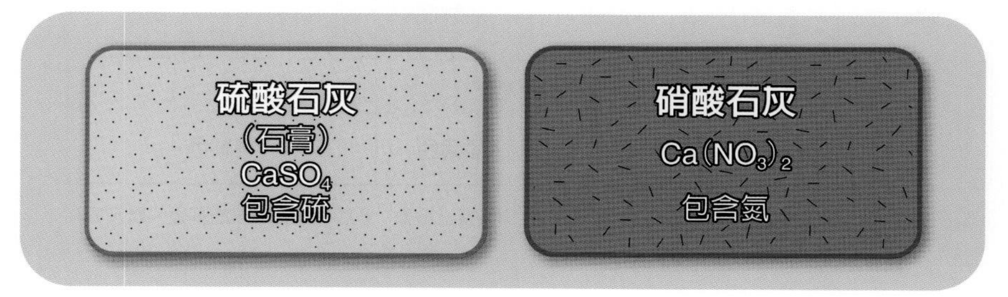

繡球花的花色與土壤pH

繡球花（繡球屬、紫陽花）的花色與花形各異且品種繁多。花色大致分爲藍色系、紅色系與白色系。

花色容易因土壤酸鹼度（pH）而改變。

酸性呈藍色，鹼性呈紅色

繡球花的花萼所含色素是花青素與飛燕草素，基本上是紅色的。當與鋁結合後，會呈現藍色。這種結合越強，則藍色越加鮮亮。

因此，若在鋁易溶解的酸性土壤（pH 5.5）中栽種，會呈現藍色，若在鋁不易溶解的弱酸性至中性土壤（pH 6.8～7.2）中栽種，則會呈現紅色（如圖）。

若想讓花呈現漂亮的藍色，可施用酸性肥料或含鋁的明礬。

適宜的pH使原本的花色更加鮮豔

白色繡球花（安娜貝爾等）由於沒有花青素，所以不受土壤pH的影響。

此外，原始花色爲藍色的品種，即使在鹼性土壤中栽種，很少會出現美麗的粉紅色，因爲無論如何都會混入藍色而呈現紫色。反之，將原始花色爲粉紅色的繡球花栽種在酸性土壤中，也會混入粉紅色而呈現紫色。因此，配合原始花色在合適的土壤中栽種，可開出美麗的藍色或鮮亮的粉紅色。

● 繡球花依土壤酸性的花色變化（參考）

pH	4	5	6	7	8
土壤酸度	強酸性	酸性	弱酸性	中性	鹼性
花色	藍色		藍紫色	桃紅色	

（資料：樋口春三編著「新版　草花栽培的基礎」農文協）

第6章

化學性診斷的進行方法 ②（EC）

重點診斷項目：何謂EC

EC為土壤養分（鹽類濃度）的指標

EC（Electrical Conductivity）好比人體血壓，是衡量土壤健康狀況的重要診斷項目。

EC是了解土壤中鹽分濃度，也就是氮肥殘留量的指標。EC越高，則殘留的養分越多，變成需要「減鹽」的高血壓土壤。

如果肥料等養分殘留過量，則土壤溶液容易導電，電阻變小，EC（電導率）增加。EC使用的單位是「mS／cm」（毫西／公分）。

適宜作物生長的EC值，依土壤類型有所不同，數值超過1的時候，會增加根部受到濃度障礙的可能性。高EC則代表土壤溶液中的鹽類濃度高，因滲透壓阻礙根部對養分與水分的吸收，奪走根部水分，導致枯萎死亡。

從EC能得知硝酸態氮的殘留量

在正常的土壤中，EC與硝酸態氮密切相關，對推算土壤中的硝酸態氮含量很有幫助。

下一頁介紹的計算公式，可從檢測到的EC值來推算土壤中的硝酸態氮含量。檢測收成後土壤的EC，可作爲下期作栽種施肥量調整的依據（第68頁）。

依照「耐鹽性」不同，施肥也不同

需要注意的是，造成障礙的鹽類濃度（耐鹽性），依作物的種類與品種而異（如下頁）。草莓與小黃瓜的耐鹽性低，而菠菜與大白菜的耐鹽性高。因此，土壤EC的管理與施肥方法，應配合作物的特性。

草莓與小黃瓜容易出現根部的濃度障礙，因此禁止過度施肥，應以低EC（較少的養分）讓根部穩穩扎根。肥料選用有機肥料等肥效溫和的產品，菠菜與大白菜是喜好大量施肥的作物，應積極追肥，維持肥效至收成。

不要忘記溫室土壤也需要檢測EC

溫室內的土壤與露天農地不同，沒有雨水流入，所以肥料養分不會被沖走，EC有偏高的傾向。鹽類容易聚積引發鹽類濃度障礙（肥害）。溫室栽培在每次栽種時，必須檢測土壤EC。

EC的特徵

依作物類別的耐鹽性（EC：適宜範圍的上限）

耐鹽性	EC（1：5）（mS/cm）	普通作物	蔬菜	果樹	其他
強	1.5以上	大麥	菠菜、白菜、蘆筍、白蘿蔔		義大利黑麥草、油菜花
中	0.8~1.5	水稻、小麥、黑麥、黃豆	高麗菜、白花椰菜、綠花椰菜、蔥、胡蘿蔔、馬鈴薯、地瓜、番茄、南瓜、甜玉米、茄子、辣椒	葡萄、無花果、石榴、橄欖	甜三葉草、紫花苜蓿、蘇丹草、果園草、玉米、高粱
稍弱	0.4～0.8		草莓、洋蔥、萵苣	蘋果、梨、水蜜桃、柳橙、檸檬、李、杏樹	菸草、燈心草、白三葉草、紅花苜蓿
弱	0.4以下		小黃瓜、蠶豆、四季豆		

〔資料：「透過土壤診斷取得平衡之土壤環境改良Vol.3」（一財）日本土壤協會〕

從EC推算硝酸態氮的簡易方法

從EC輕鬆計算
土壤中的硝酸態氮含量！

火山灰土	硝酸態氮量kg ＝ 38 × EC值（mS/cm）－10
沖積土	硝酸態氮量kg ＝ 44 × EC值（mS/cm）－15
砂土	硝酸態氮量kg ＝ 29 × EC值（mS/cm）－5

計算範例：EC為1 mS/cm 時

火山灰土是38×1－10 ＝ 28

28 × 火山灰土的假比重 0.7 ＝ 20

氮量約為20kg/10a・10cm，應依作物需求減少肥料。

（資料：「土壤簡易診斷指南」鳥取縣農林水產部農林總合研究所）

EC是衡量下期作的基肥與追肥量指標

使用EC作為下期作施肥量調整的指標

EC值與土壤中的硝酸態氮密切相關。透過在栽種前檢測EC，可以推算前期作殘留的氮含量。除了硝酸根離子，鉀與鈣也溶解在土壤溶液中，這些殘留量也可作爲衡量指標。

像這樣，EC與硝酸態氮等具有高度關聯性，可作爲下期作栽種時施肥量調整的依據。

下頁上方的表格，依土壤類別顯示栽種蔬菜時，以施肥前的EC值調整基肥（氮與鉀）施用量的指標。從這張表格來看，EC值在0．3以下，標準施肥量就足夠了，但EC值若達0．4以上，則需要施用較標準施肥量少的肥料。若施肥前的EC值高於1．6，則任何土壤均不施基肥。土壤中保肥性較低的砂土，容易增加EC值，所以超過1時不施基肥。

適宜的EC值依作物而異

栽種前適宜的EC值，不僅取決於土壤類型，還取決於栽種的作物類別。尤其是園藝作物，更需要注意EC值。

下頁的第二張表格將蔬菜分爲果菜類、葉菜、根菜類來比較栽種前適宜的EC值。從整體的EC範圍來看，能知道栽種前的土壤EC應小於0．8。這是因爲高EC容易造成根部障礙。

【EC與小黃瓜的生長試驗】 果菜類的小黃瓜從第67頁的耐鹽性比較表可得知歸類於耐鹽性「弱」的作物。下頁的照片是改變小黃瓜的培土EC後，其生長試驗的比較結果。最右邊EC爲0．8時，生長快速，EC達1．2時，則生長開始變差。

肥料的種類也需要仔細斟酌

爲了土壤適宜的EC，除了減肥等調整施肥量外，仔細斟酌施用的肥料類型也很重要。

爲了抑制EC增加，可選用肥料副成分不含硫酸與鹽酸者作爲肥料（如化學肥料的「燐硝安加里」等）。

近年來，在溫室土壤中，可發現高EC但氮素的硝酸態氮含量卻很低的情況，其原因通常是硫酸根離子的累積。這種情況下，土壤診斷不僅要檢測EC，還需要專業機構檢測硝酸態氮含量。

EC的指標

依照施肥前的EC值調整基肥（氮、鉀）施肥量的指標（與標準值相比）

土壤類型	EC值				
	0.3以下	0.4～0.7	0.8～1.2	1.3～1.5	1.6以上
腐植質黑色山火灰土	標準施肥量	2/3	1/2	1/3	無需使用
黏性土質、細顆粒沖積土	標準施肥量	2/3	1/3	無需使用	無需使用
砂質土（未成熟砂丘土壤）	標準施肥量	1/2	1/4	無需使用	無需使用

＊標準值指「標準施肥量」，即各都道府縣訂定每種作物的施肥標準。
〔資料：「透過土壤診斷取得平衡之土壤環境改良Vol.2」（一財）日本土壤協會〕

栽種前適宜的EC指標（單位：mS/cm）

土壤類型	作物種類	
	果菜類	葉菜、根菜類
腐植質黑色火山灰土	0.3～0.8	0.2～0.6
黏性土質、細顆粒沖積土	0.2～0.7	0.2～0.5
砂質土（未成熟砂丘土壤）	0.1～0.4	0.1～0.3

〔資料：「透過土壤診斷取得平衡之土壤環境改良Vol.3」（一財）日本土壤協會〕

EC與小黃瓜的生長

當EC達1.2mS/cm左右時，生長開始變差
〔照片：（一財）日本土壤協會〕

依據pH與EC分類4種不良土壤類型

從pH與EC可得知土壤的養分狀態

如果比喻成人體健康檢查，pH檢測是體溫測量，EC檢測是血壓測量。由這2項檢測能得知牽動土壤健康的養分狀態。

農民和家庭園藝愛好者若想日常地掌握自家農田的養分狀態，可參考第5章介紹的pH（酸鹼度）與第6章解說的EC（電導率），自行使用市售簡易測量儀器進行調查。

你的土壤是何種類型

土壤失衡時，pH與EC都高嗎？還是都低呢？可試著排列它們的組合來找出原因與對策。

在下頁圖表中，適宜的pH範圍介於5．5～6．5，適宜的EC範圍從0．1到上限，將pH與EC超出範圍的不良組合分爲「4種不良土壤類型」。

在旱田土壤（尤其是家庭菜園土壤）中，最常見的不良類型是「低pH、低EC型」（即低體溫、低血壓型）與「高pH、高EC型」（高體溫、高血壓型）的不健康土壤。

「低pH、低EC型」屬於營養失調的貧瘠型，大多是不改良土壤酸度，也不怎麼施用肥料，對土壤環境漠不關心的「懶散派」。

「高pH、高EC型」屬於肥胖型，大多是重視改良酸性，栽種前撒滿白白一層碳酸鈣，大量施用肥料、基肥與追肥的「狂熱派」。

無論是懶散派還是狂熱派，實際上都沒有眞正調查旱田土壤的養分狀態。上述後者則是過度關心土壤的例子。

良好土壤的起跑點是檢測pH與EC

此外，「低pH、高EC型」與「高pH、低EC型」的土壤，因爲失去平衡，也是不良土壤。

如圖所示，介紹各類型的主要原因與對策。

尤其「高EC型」的肥胖型土壤，因積存過量肥料，需要減少過多的養分（對策詳第74頁）。

土壤調查結果，若養分不足，則增加養分，若養分過量，則減少養分。

不同於改善土壤的物理性（保水性、排水性等），對於土壤的酸鹼度與養分的過多或不足，若立即採取對策，能立即得到改善。

爲了創造良好的土壤環境，建議先從檢測土壤的pH與EC開始。依其結果可參照圖表實施具體對策。

土壤中的pH與EC

4種不良土壤類型（原因與對策）

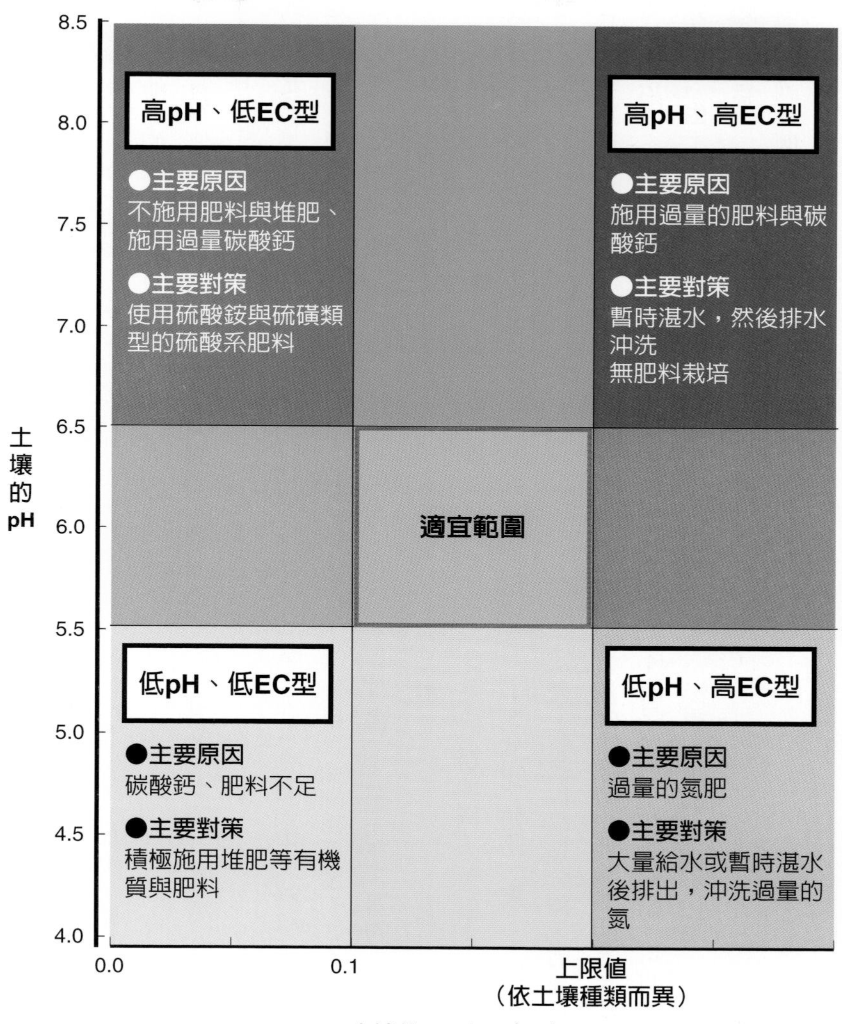

注1：EC單位為mS/cm，其中mS讀法為毫西，1毫西相當於一千分之一。

注2：適宜的EC範圍從下限的0.1到上限。上限因土壤類型而異，粗顆粒土壤（砂質）為0.4，中顆粒土壤為0.7，細顆粒土壤（黏土）為0.8。

注3：土壤適宜的pH範圍（5.5～6.5）為大多數植物喜好的範圍。

（資料：松中照夫「土即土」農文協）

簡易EC檢測計與診斷

EC儀表（檢測計）的原理

EC使用傳輸電流能力（電導率）來表示土壤中的肥料濃度。

EC檢測是在土壤溶液裡加入微弱電流來檢測電導率（傳輸電流能力的強弱），並調查土壤溶液中所含離子（原子中帶有電荷的有陽離子與陰離子）。離子量越大，傳輸電流能力越好。

EC儀表是測量「導電物質（肥料鹽分）的設備」。適宜的EC，依作物與土壤的種類而異（第69頁）。此外，測得的EC不僅是土耕栽培，對於水耕栽培的營養液管理也是必不可少的指標。

簡易診斷的「生土容積抽出法」

EC檢測使用的土壤溶液抽出法，在日本一般使用「乾土重量抽出法」（乾土與純水的比例為1：5），但更簡單的方法是「生土容積抽出法」（使用容積比，生土與水的比例為1：2）。

園藝強國荷蘭的土壤檢測機關自1973年以來全面使用「生土容積抽出法」，將作物栽植期間的生土（新鮮土壤）不加以乾燥直接進行分析，而且不是按土壤與水的比重，而是按容積比來進行抽出。

與乾土重量抽出法不同，採樣的土壤樣本無需風乾與稱重，是一種極為快速的抽取方式，特點是能立即得知分析結果。

但是，在採樣分析用土壤時，應避免土壤過度乾燥或過度溼潤。處於作物可順利生長的水分狀態為佳。

任何人在任何時間皆能進行EC檢測

在下頁圖表中，解說生土容積抽出法。

①使用以50 ml為刻度的250 ml容量廣口塑膠瓶（大賣場有售）。預先在容器的100 ml與150 ml處畫線做記號。

②在容器中倒入蒸餾水100 ml，再加入新鮮土壤150 ml。如此一來，土壤與水的容積比為1：2。

③蓋上瓶蓋搖盪幾分鐘，製出懸浮液，使用上層澄清液檢測EC，同時也能檢測pH。

④若是廣口塑膠瓶的話，可將EC儀表、pH儀表的感測器直接插入測量。

EC檢測法與用具

使用新鮮土壤檢測EC與pH的「生土容積抽出法」

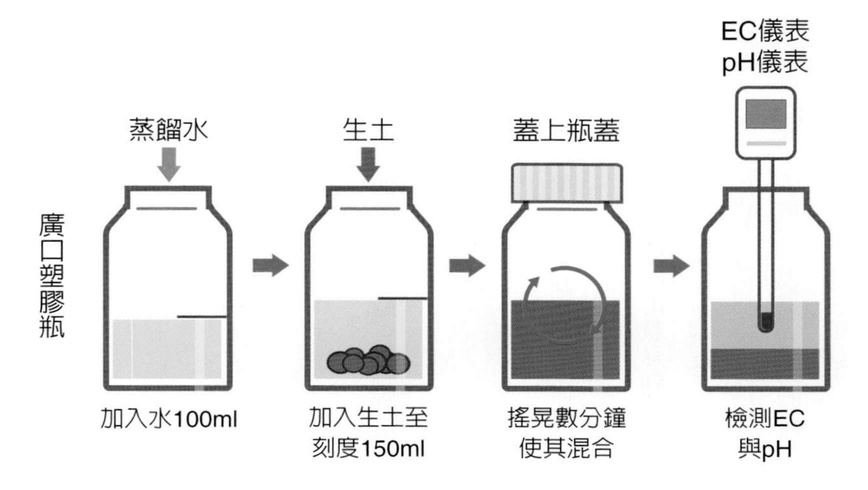

（資料：藤原俊六郎「新版　圖解土壤的基礎知識」農文協）

土壤EC檢測用具範例

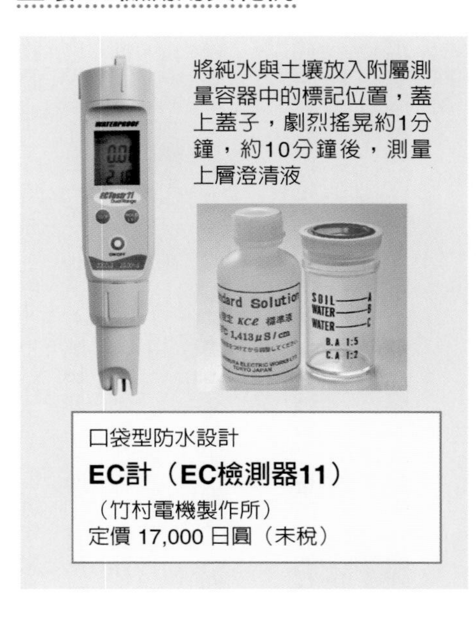

將純水與土壤放入附屬測量容器中的標記位置，蓋上蓋子，劇烈搖晃約1分鐘，約10分鐘後，測量上層澄清液

口袋型防水設計

EC計（EC檢測器11）

（竹村電機製作所）
定價 17,000 日圓（未稅）

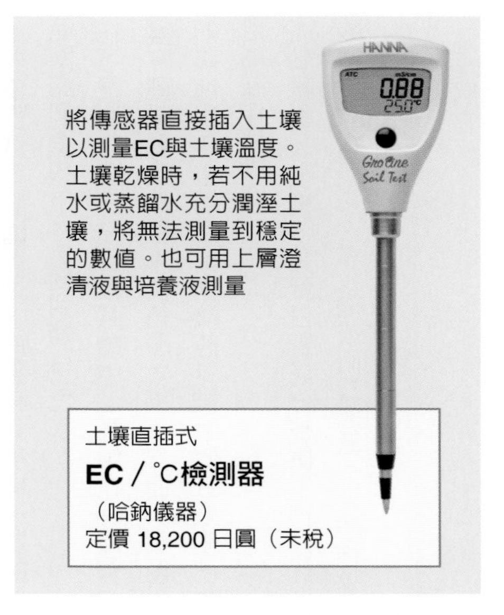

將傳感器直接插入土壤以測量EC與土壤溫度。土壤乾燥時，若不用純水或蒸餾水充分潤溼土壤，將無法測量到穩定的數值。也可用上層澄清液與培養液測量

土壤直插式

EC／℃檢測器

（哈鈉儀器）
定價 18,200 日圓（未稅）

＊詳細使用方法請參閱各廠商網站。

高EC土壤（鹽類聚積）的改善對策

不增加EC下，改善施肥

蔬菜栽種尤其是肥料養分容易累積的溫室栽培中，必須測量EC以掌握土壤中殘留的養分（鹽類濃度）。

對於栽種前的土壤EC超過1的肥胖型土壤，任何人都可以採取以下2種改良對策。

①為減少過量的養分，可依照下期作的耐鹽性，施用較標準施肥量少的肥料或以不施用基肥的方式來調整施肥量。

②將施用的肥料改爲「避免鹽類聚積型肥料」。

何謂「避免鹽類聚積型肥料」

無論是單質肥料還是化學肥料，其原料不含硫酸鹽與氯化鈉的肥料，由於在製程中去除了硫酸，所以除了主成分的氮、磷酸與鉀以外，爲硫酸與氯等副成分少的肥料。

目前市面上有販售「緩效性肥料」、「燐硝安加里」與「ECOLONG」（以樹脂包覆速效性燐硝安加里，調節施肥效期的肥料）等。當施用這種類型的肥料時，能減少土壤中水溶性硫酸鹽與氯離子含量，能抑制EC增加。

綠肥作物的循環善用

綠肥過去作爲氮肥發揮重大作用，但近年來其他的功效也受到注目。包含改善土壤物理性、增加有用的微生物、抑制土壤病害、線蟲危害、抑制雜草等。此外，還具有抵擋風害與驅蟲等效果。

綠肥可有效去除溫室栽培中多餘的養分（抑草作物）。

代謝症候群化的溫室土壤中，殘留大量硝酸態氮，是增加土壤EC的主要因素。

溫室園藝的除鹽方法是栽種高粱等綠肥作物進行草生管理並收割。

不收割作爲綠肥的高粱，直接耕入土中，將EC收容至合適範圍的循環利用方法受到矚目。

在下頁的綠肥作物比較試驗中，高粱在有機質的補給量與殘存肥料的吸收量（再循環效果）方面表現優異。在高粱的區塊中，土壤中的硝酸態氮被吸收且幾乎消失。建議善用高粱作爲綠肥。

高粱耕鋤入土後，其蛋白質成分被微生物分解，經由胺基酸轉化爲銨態氮，最後變成硝酸態氮，被作物吸收。

以高粱栽培再循環殘存肥料

綠肥的收成量與養分吸收量

綠肥種類	收成量（t/10a）	有機質量（C kg / 10a）	養分吸收量（kg/10a）				
			氮	磷酸	鉀	鈣	鎂
高粱	6.9	510	32.2	11.8	48.0	17.0	10.0
太陽麻	5.1	350	19.6	7.2	31.0	5.0	3.7
甜玉米莖葉	2.9	160	11.4	5.7	25.0	1.6	1.9

〔資料：牧草及園藝　第61卷第3號（2013年）〕

可改善鹽類聚積的綠肥作物（各綠肥作物的多重功效）

作物名稱	有機質供應效果	氮供應效果	物理性改善效果	鹽類聚積改善效果	生物性改善			
					穿刺短體線蟲	根瘤線蟲	南方根瘤線蟲	菌根菌
燕麥	◎	○	○	○	×	◎	×	○
黑麥	○	○	○	○	×	◎	×	○
玉米	◎		◎	◎	×	◎	×	◎
高粱	◎		◎	◎	×	◎	○	○
天竺草	◎		◎	◎	○	◎	◎	○
向日葵	◎		◎	○	×	×	×	◎

◎：非常有效，○：有效，×：增加線蟲。

（資料：「北海道綠肥作物栽培利用指針　修訂版」北海道農政部）

高粱（禾本科）適合補給有機質與吸收殘存肥料

土壤養分的分析與施用量——簡易計算法

由專業機構進行的土壤養分分析，一般以每100g「風乾土」的數值表示。「風乾土」是指自然乾燥等使土壤乾燥的狀態。「乾土」的水分爲0。

最常用的單位是表示土壤中養分量的mg／100g風乾土（乾土）。

從土壤分析值到土壤中養分含量的換算法爲：

mg／100g ➡ kg／10a（深10cm）

可以直接換算，輕鬆得到數值（30kg ＝ 30mg）。

計算所需肥料成分施用量的公式爲：

$$\text{成分施用量（kg／10a）}=（\text{改良目標}-\text{分析}）\times\text{假比重}\times\frac{\text{表土深（cm）}}{10}$$

【計算範例】

從0～15cm的深度採土，土壤分析結果爲交換性鎂（鎂）30mg/100g風乾土。如果改良目標爲50mg/100g風乾土，改良深度達15cm的10a田區需要多少kg的鎂？此外，土壤假比重（風乾土重）爲0.8g/cm^3。

在這種情況下，鎂含量依照上式計算如下：

$$\text{成分施用量（kg／10a）}=（50-30）\times0.8\times15\text{（cm）}\frac{15\text{（cm）}}{10}=24\text{kg}$$

因此，必須施用24kg的鎂才能將土壤改良至目標。

（＊參考）土壤假比重的指標

黑色火山灰土0.6～0.8、壤土1.0、黏土／黏壤土1.2、砂土1.2～1.4

（資料：「原來如此土壤診斷指南」JA全農肥料農藥部）

第7章

化學性診斷的進行方法③（CEC等）

CEC是保肥性的指標

胃的容量大小＝CEC（陽離子交換容量）

土壤吸附肥料養分的能力，一般稱爲「持肥力」。在土壤學中，則稱爲「保肥性」。土壤中能將養分直接儲存的成分是具有黏土成分的黏土礦物與腐植質，土壤微生物、有機質也間接參與其中。

黏土礦物與腐植質是微小的土壤顆粒，通常帶負電，並具有吸附陽（正）離子的能力。肥料與土壤改良資材給予土壤的養分中，氮（胺）、鉀、鈣、鎂等溶於水中變成陽離子，被帶負電的土壤顆粒吸附，不易因雨水與灌溉而流失。

土壤顆粒所能吸附的陽離子總量稱爲「陽離子交換容量」，也稱爲「鹽基置換（交換）容量」。取英文首字字母縮寫爲CEC（如下頁）。舉例來說，CEC就像接受養分的「土壤的胃」。CEC越高，土壤可以保持的肥料養分越多，防止養分從表土流失，使肥效持續。

CEC大小的取決條件

土壤的CEC基本上取決於土壤中所含的黏質土量、種類與腐植質含量。因此，①黏質土多的土壤（黏土）CEC高，砂質多的土壤（砂質土）CEC低；②腐植質多的土壤（腐植質黑色火山灰土）CEC高，腐植質少的土壤CEC低。

由專業機構進行CEC檢測

過去需要在專業分析機構花費長時間的CEC檢測，現在可利用在短時間內即可完成的簡易測量法。

土壤吸附的陽離子會和其他新加入的陽離子交換釋放到土壤溶液。CEC利用該反應進行檢測，從土壤中陽離子基團的總和（負電荷數）可得出CEC的數值（如下頁概念圖）。

如何增進保肥性

爲了增加CEC，有施用黏土礦物（如沸石等）與施用堆肥等有機質的方法。需要大量的黏土礦物才能在短時間內看到成效，而從有機質中增加腐植質則也需要多年時間。

但即便CEC的數值無法立即顯現，施用堆肥等可從物理層面提高保水性，更容易維持溶解於水中的肥料，從而增進保肥性。

CEC代表能夠維持的養分含量

陽離子交換容量（CEC）概念圖

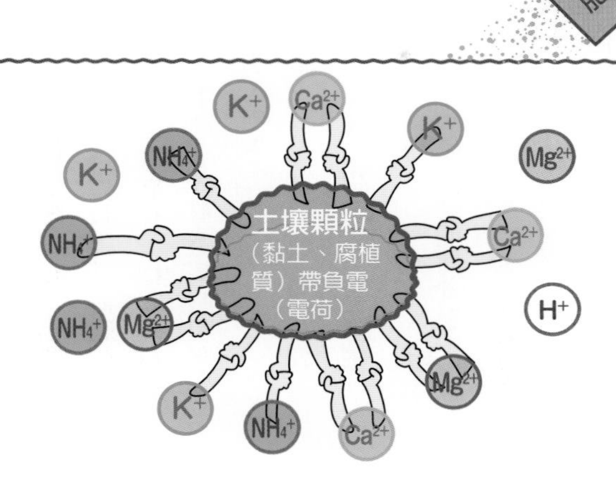

- 陽離子交換容量是100g土壤中的帶負電（電荷）數。
  圖示中，帶負電數為15（以meq／100g表示）。
- Ca^{2+}（石灰）、Mg^{2+}（鎂）＝2價離子需要的帶負電數為2。
- K^{+}（鉀）、NH^{4+}（銨）＝1價離子需要的帶負電數為1。
- 所需的CEC（陽離子交換容量）大約為15以上。

（出處：藤原俊六郎「新版　圖解土壤的基礎知識」農文協）

CEC容量大小與其理由

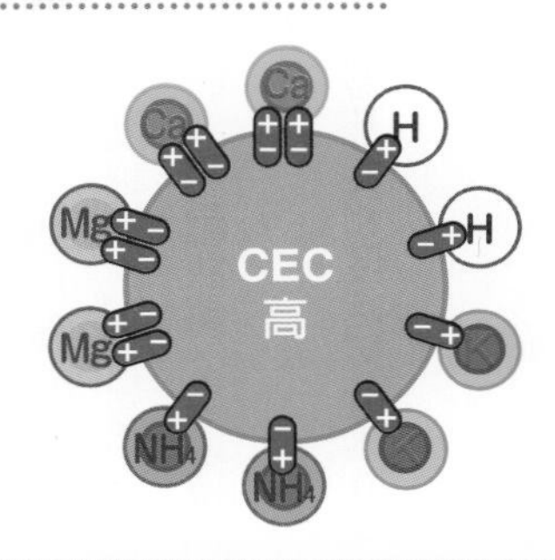

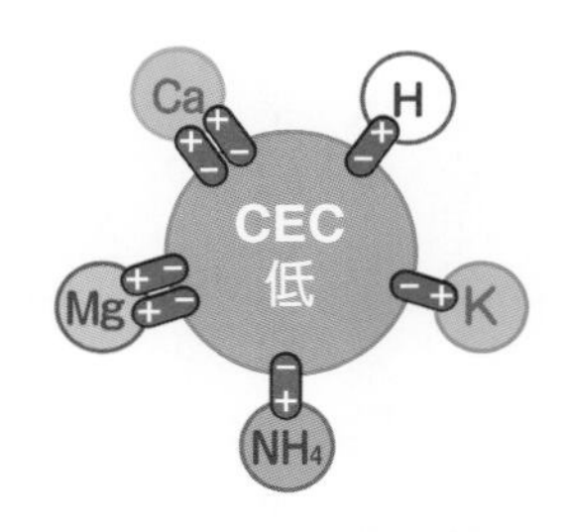

CEC＝14meq／100g	CEC＝7meq／100g
可維持許多陽離子（容量大）黏性高的土壤（黏土），CEC高	可維持的養分少（容量小）砂質多的土壤（砂土），CEC低

（資料：YANMAR「土壤環境改良建議」）

鹽基飽和度（飽腹感）與推算法

何謂鹽基飽和度

「鹽基飽和度」是表示稱為土壤胃袋的「陽離子交換容量」（CEC）中，保留了多少作為食物的可交換性陽離子（鹽基）比例。

鹽基飽和度以鈣（Ca^{2+}）、鎂（Mg^{2+}）與鉀（K^{+}）的比例總和來表示，但不包括氫離子（H^{+}）與鈉（Na^{+}）。

下頁上方示意圖為比較鹽基飽和度低的土壤與高的土壤。兩者的胃容量（CEC）相同（14meq），但保有的食物（鹽基養分）不同，計算鹽基飽和度的話，低的一方約36％，高的一方約71％。

土壤也是在「八分飽」下為健康狀態

從這個百分比數值，能如何判斷土壤的健康程度呢？飽腹感在40％以下的土壤，診斷為營養失調，40～60％是空腹狀態，60～80％是適宜狀態。

如同人們也有「八分飽」一說，作為土壤飽腹感指標的鹽基飽和度，被認為80％左右是健康狀態。超過80％會促進代謝性肥胖，超過100％則胃處於爆裂狀態，會提高土壤溶液濃度，造成根部損害。

pH可以推算鹽基飽和度

作為簡易診斷方法，可自行檢測pH，推算土壤的養分狀態（飽和度）。

土壤的鹽基飽和度與pH（酸鹼值）關係密切。pH越低，鹽基飽和度越低；pH越高，鹽基飽和度越高。在鹽基飽和度80％的八分飽狀態下，土壤pH約6．5呈弱酸性，在適宜範圍內。

此外，鹽基飽和度越接近100％時，pH呈中性。

適宜的鹽基飽和度取決於CEC大小

鹽基飽和度受土壤CEC（陽離子交換容量）的影響甚大，隨著土壤CEC降低，適宜的鹽基飽和度有漸增的趨勢（如下頁下方表格）。

尤其CEC為10（meq／100g）以下的土壤（多為砂質土壤）中，鹽基飽和度在100％以上為適宜範圍。這是因為CEC較低時，若鹽基飽和度未超過100％，則作物所需的鹽基量將會不足。重視鹽基平衡的話，應提高鈣的飽和度。

全面性診斷鹽基飽和度與其分母的CEC，需要每年委託專業分析機構檢測。

CEC與鹽基飽和度

相同的CEC，不同的鹽基飽和度（範例）

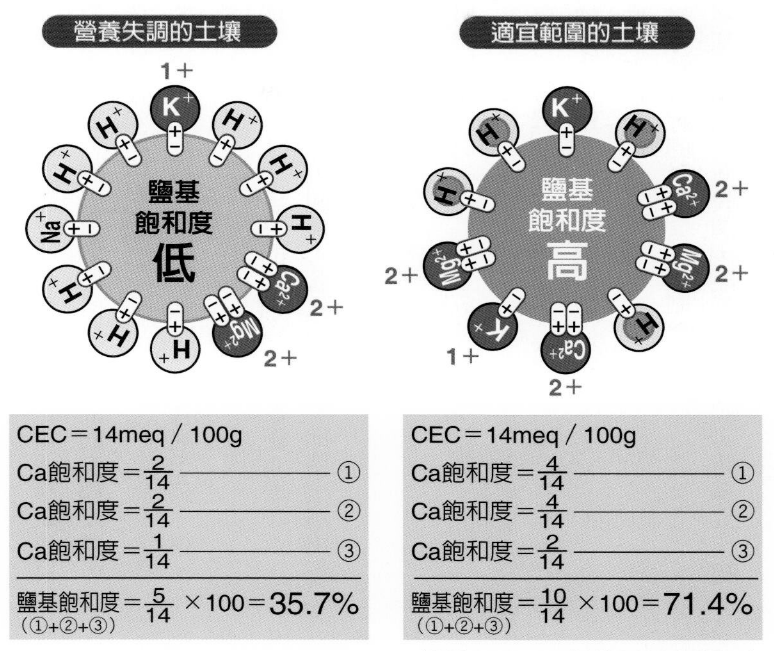

（資料：YANMAR「土壤環境改良建議」）

土壤CEC（陽離子交換容量）與適宜的鹽基飽和度

陽離子交換量（meq/100g）	鹽基飽和度（%）	鈣飽和度（%）	鎂飽和度（%）	鉀飽和度（%）
10以下	100～170	80～150	16	6
10～20	80～100	60～80	16	6
20以上	75～80	50～60	16	6

（資料：細谷、山口「農業技術大系　土壤施肥編」農文協）

鹽基平衡的診斷與注意事項

鈣、鎂、鉀的含量與平衡

鈣、鎂、鉀是作爲土壤中所含鹽基類（交換性陽離子）的必需元素。

這3個成分容易因施肥而產生變化，是重要診斷項目（由專業機構進行檢測，萃取經醋酸銨溶液的交換反應，用比色法、分光光度法等判讀）。

一般來說，pH維持在適宜狀態時，不會缺乏鈣、鎂、鉀。

依成分量檢測3項成分的比例爲土壤診斷重要項目。這些成分之間存在拮抗關係，若比例失衡，即使土壤中每種鹽基含量都充足，作物也難以吸收。

元素間的拮抗作用會引起生長障礙

鈣、鎂、鉀之間存在拮抗作用。

①鎂、鉀多時，鈣的吸收受到抑制。
②鉀多時，鎂的吸收受到抑制。
③鈣、鎂多時，鉀的吸收受到抑制。

當鹽基之間的平衡失調，阻礙養分吸收，將導致作物發生各種生長障礙（發生元素缺乏症、抗病性下降）。

下頁左下角照片顯示番茄葉片的缺鎂症狀，該症狀是由於土壤中缺鎂，又或是鉀過多導致鎂吸收受到抑制所引起，需看土壤診斷結果。此外，大量施用鉀肥與鎂肥時，鈣的吸收明顯受到抑制，因此番茄等容易產生底部變黑等症狀。

鹽基平衡的恢復目標

鹽基過量對策的第一步是實施土壤診斷，掌握鹽基量與比例的現狀。良好的酸鹼平衡目標一般來說鈣：鎂：鉀是5：2：1。適宜的範圍很廣泛，但目標是將鎂／鉀的比例維持在2以上。

鹽基平衡與鹽基飽和度的單位都是毫克。換算實際重量時，1毫克的重量相當於鈣28mg、鎂20mg、鉀47mg，與土壤診斷所示重量相除後，可算出含幾毫克。

例如，鈣爲280mg時，則280÷28等於10毫克。

要注意養分的平衡

要注意養分的拮抗作用（肥料元素間的相互作用）

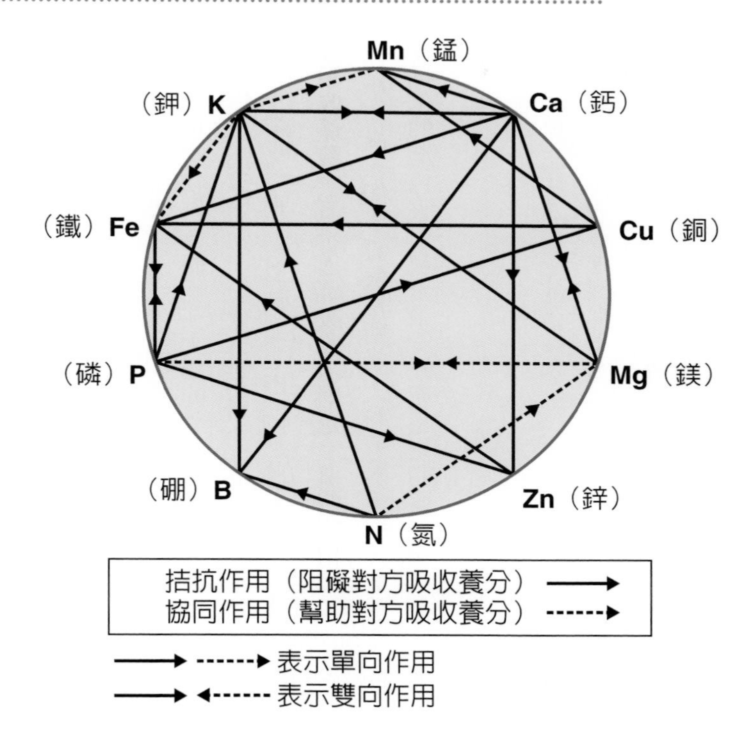

拮抗作用（阻礙對方吸收養分）→
協同作用（幫助對方吸收養分）- - - →

→ - - - → 表示單向作用
→ ← - - - 表示雙向作用

（資料：「2008年　肥料價格高漲對策技術指針」愛知縣）

元素缺乏症、過量障礙（範例）

番茄缺鎂症

（可能鉀過多也是原因之一）

番茄底部變黑的果實

（由缺鈣引起）

有效磷的診斷與施用法

有效磷的作用與在土壤中的固定性

在作物栽種中，土壤中的有效（可利用）磷作爲必要的多量元素發揮重要作用。作爲基肥不可或缺的養分而施用，促進作物初期生長，中期以後加速生長，主要與開花、結果有關，也稱爲「花肥」、「果肥」。

使用磷酸施肥的問題，在於土壤中有許多將磷酸固定而使其失去效用的物質。施用在土壤的磷酸，大部分與土壤中的鈣、鐵、鋁等結合，轉變爲難溶或不溶的磷酸。尤其與鋁結合的磷酸，作物幾乎無法利用。

【磷酸鹽吸收係數】 表示土壤吸收（固定）磷酸的指標，依土壤種類而異。如下頁表格所示，磷酸鹽吸收係數達1500以上的黑色火山灰土中，補充不足的磷酸量需多施用8倍。

有效磷的測量與改善目標

土壤診斷可檢測易被作物吸收的有效磷。日本專業土壤分析實驗室常利用稀釋硫酸溶液來提取的「Truog法」，該法所提取的磷酸被認爲是水溶性或鈣結合型，是一種容易被作物利用的磷酸。

【改善目標為10mg／100g以上】 作物栽培所需的標準有效磷含量以「10mg／100g乾土」以上爲目標。近年來，由於長期大量施用磷肥，即使在磷酸吸收係數高的狀態下，有效磷含量高的土壤也增多。

積極施用鎂肥以帶出儲存在內的磷酸

鎂具有與磷酸一起被吸收的特性，在植物體內隨磷酸移動。將鎂（氫氧化鎂或硫酸鎂）施用於磷酸累積的旱田，即使不施用磷酸，也能顯著增加磷酸的吸收。

利用這種相互作用並積極施用鎂肥，帶出土壤中累積的「磷酸儲蓄」，使作物吸收磷酸。當磷酸作用良好時，鈣也會被吸出。以提高抗病性、提高品質與收成量爲目的，積極施用鎂的施肥方法受到關注。

積極施用鎂肥，可掌握土壤胃部（CEC）的容量大小，檢查飽腹度（以鹽基飽和80％爲目標），並滿足鹽基平衡（鎂／鉀比：2以上），故善用鎂非常重要。

磷酸施用法

磷酸吸收係數與所需磷施用量（施用比例）

磷酸吸收係數	不足磷酸每1mg磷酸施用量 （mg／100g乾土）	土壤種類	
2,000以上	12	腐植質黑色火山灰土	
2,000～1,500	8	黑色火山灰土	
1,500～700	6	黑色火山灰土以外	洪積土壤
700以下	4		沖積土壤

（資料：JA全農肥料農藥部「任何人都能辦到的土壤診斷及肥料計算」農文協）

磷酸與鎂的相互作用

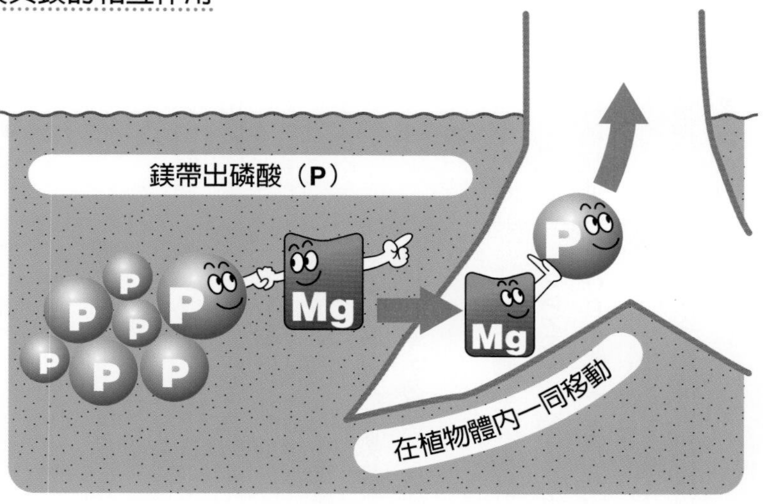

鎂肥依土壤pH分開使用

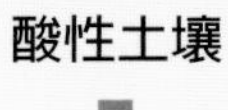

酸性土壤	pH 6以上的土壤

氫氧化鎂 ＝ 鹼性	硫酸鎂 ＝ 酸性

無機氮與地力氮的診斷法

土壤中的氮形態與作物對氮的吸收

氮是構成作物所需蛋白質時不可或缺的成分，是作物生長最重要的養分，過量或缺乏皆對作物的收成量與品質造成巨大影響。

下頁圖表顯示土壤中氮的形態與變化。土壤中的氮，大致分為有機氮與無機氮。

土壤中易被作物吸收的無機氮分為銨態氮與硝酸態氮，大部分作物皆能吸收硝酸態氮，所以一般土壤診斷重視硝酸態氮的診斷。

硝酸態氮的簡易檢測與推算法

以作物而言，蔬菜進行大量施肥，在生長最旺盛的時候收成，所以栽種結束後，土壤中大多殘留著大量肥料成分（尤其是硝酸態氮）。

因此，在設計下期作的施肥時，重要的是在栽種前進行土壤診斷，確認前期作物的肥料殘效。

【簡易硝酸態氮檢測法】 尤其在溫室栽培蔬菜的情況下，經常累積大量硝酸態氮。作為自行即時掌握大略累積量的分析工具，有「農大式簡易土壤診斷套裝『綠精靈』（みどりくん）」等（詳第88頁）。

【用EC值推算硝酸態氮含量的方法】 硝酸態氮與EC（土壤的電導率）密切相關，硝酸態氮增加EC值也會增加。基於此關係，可從EC值推算硝酸態氮的剩餘量（EC推算公式詳第67頁）。

此外，依照施肥前的EC值，可以作為調整下期作基肥施用量的指標（指標表詳第69頁）。

地力氮（有效態氮）簡易判斷方法

有效態氮是指在不施用氮肥的情況下，土壤中有機氮分解所釋放出的無機氮，又稱地力氮。隨著有機肥、堆肥等有機質施用年數增加而累積。下頁上方圖表以「熱水萃取氮」顯示範圍，反映土壤分解有機質能力的「氮肥力指標」。

過去需要4週時間來檢測有效態氮，在農研機構（NARO）研發簡易判定法「80℃16小時以水萃取——COD檢測法」後，生產者也能自行掌握旱田的地力了。

下頁簡單介紹流程概要。必要的設備、使用方法、判斷方法等詳情，請搜尋「旱田土壤有效態氮簡易、迅速評價法」。

氮的診斷法

土壤中的氮概念圖

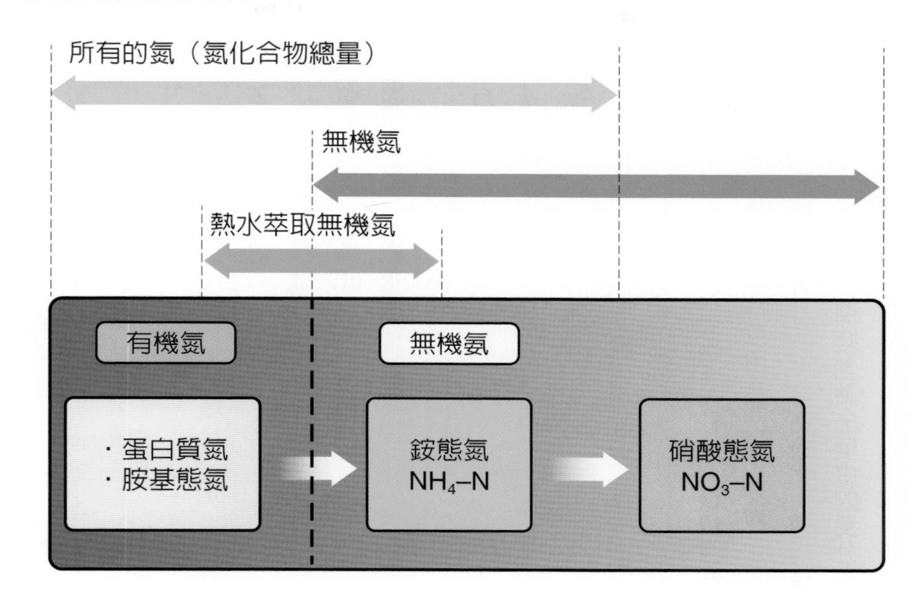

80℃16小時以水萃取──COD檢測法流程

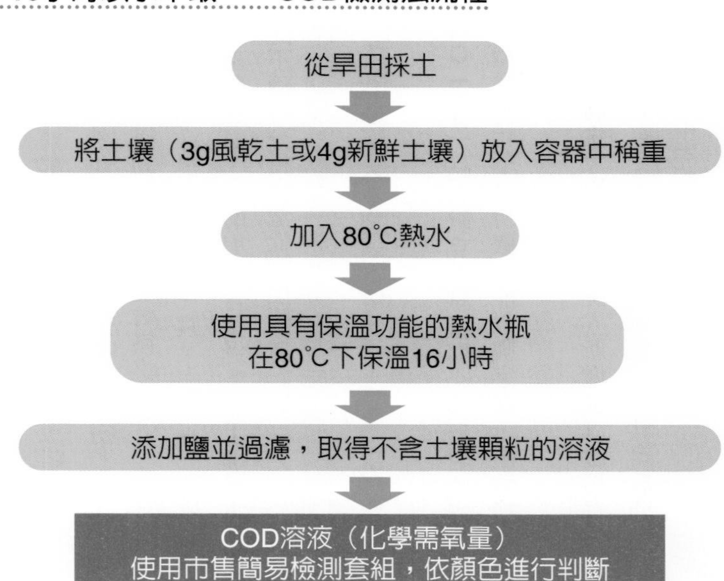

〔資料：「旱田土壤有效態氮簡易、迅速評價法」（獨）農研機構　中央農業研究中心〕

農大式簡易土壤診斷套裝「綠精靈」（みどりくん）

農大式簡易土壤診斷套裝「綠精靈」（みどりくん）

這是一款即時土壤診斷套裝，供農民與家庭園藝愛好者利用試紙（來自美國HACH公司的土壤試紙），在現場輕鬆診斷土壤養分。

利用「綠精靈」能輕鬆分析4個項目（pH、硝酸態氮、水溶性磷酸、水溶性鉀）。

下頁介紹「綠精靈」標準套裝。

「綠精靈N」用於診斷pH（H_2O）與硝酸態氮。

「綠精靈PK」用於診斷水溶性磷酸與鉀。

每套內含前端2個呈色區的透明塑膠試紙條20片。

◆診斷分析方法

① 將專用土壤採樣器插入5～10cm的表土層中，採土5cc。

② 將其放入隨附的浸泡用塑膠瓶內。

③ 將市售蒸餾水加入浸泡用塑膠瓶內至50cc刻度，蓋上瓶蓋，用手充分搖晃1分鐘。

④ 將試紙條「綠精靈N」浸入懸濁液3秒、「綠精靈PK」10秒後，將試紙條平放，等待反應時間爲1分鐘。

⑤ 這期間試紙條的顏色將依養分的多寡而變化，透過瓶身上的比色表來比對顏色，能同時判讀土壤中的養分含量（與pH）。

◆診斷注意事項

① 由於試紙條呈色區沾附著泥土，務必將試紙條呈色區面朝下放置，透過透明塑膠處比對顏色。無需過濾土壤懸濁液。

② 研發「綠精靈」的目的是爲了立即大略掌握現場的土壤養分。雖然可能與土壤診斷機構的分析值不符，但能在短時間內得到測量值是其特徵之一。

③ 另外，「綠精靈」適用在蔬菜與花卉的溫室栽培環境，以硝酸態氮、磷酸與鉀含量過多的土壤爲主要對象，因此不適合分析含量低的土壤。

想要檢測更多項目時

【RQ Flex】 結合默克的試紙與小型反射式光度計，屬於攜帶型簡易化學分析儀，能以數字顯示硝酸態氮、pH、石灰與鎂。

【農民的醫生】 原名土壤Dr.。新增檢測腐植質、陽離子交換量（CEC）、磷酸吸收係數等，共可診斷13項。分析試藥改爲可用完即丟的管型包裝。

農大式簡易土壤診斷套裝「綠精靈N」使用方法

農大式簡易土壤診斷：標準套裝

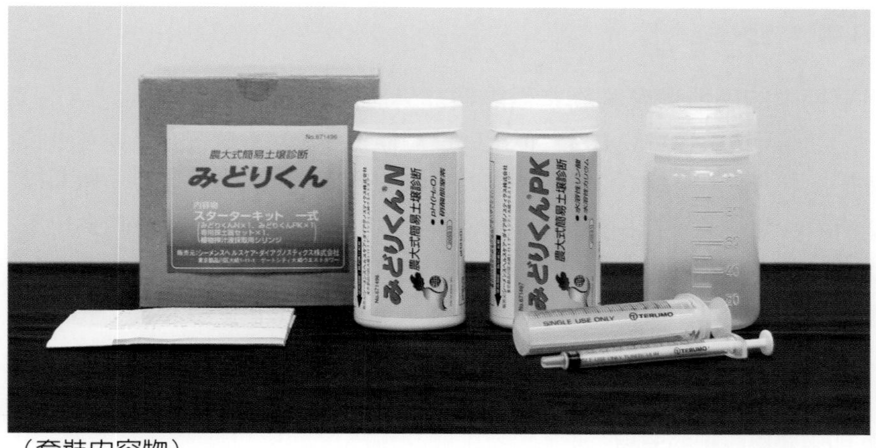

（套裝內容物）
綠精靈N、綠精靈PK（試紙條各20條）浸泡用塑膠瓶、土壤採樣器、植物體榨汁液抽取用注射器

①

③
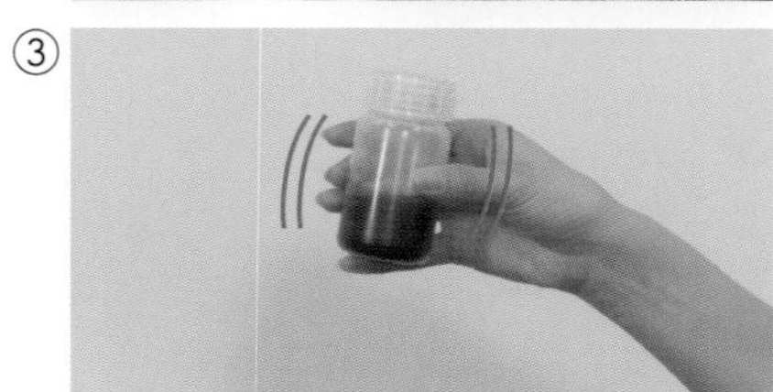

⑤
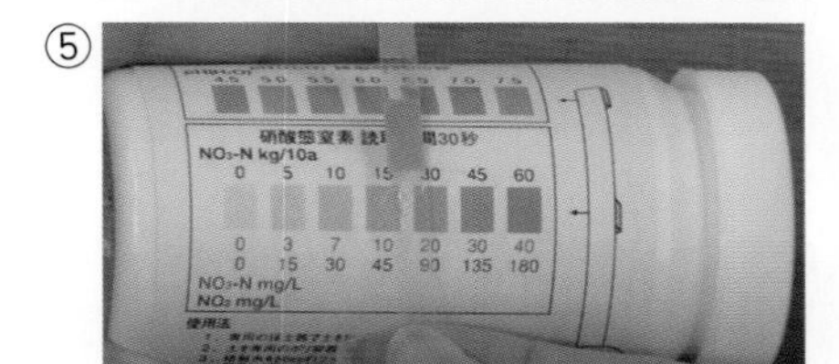

① 採土

② 放入萃取用的塑膠瓶

③ 加入蒸餾水50cc，充分搖晃

④ 浸入試紙條

⑤ 與試驗容器瓶身的比色表比較
上：pH、下：硝酸態氮

診斷作物營養狀態（汁液診斷）

診斷作物是否含有適量的養分來判斷是否施肥時，作為農民自行判斷省錢又簡便的快速診斷方式，已研發出利用作物汁液的即時營養診斷（汁液診斷）。

用葉柄中的硝酸濃度判斷是否需要額外施用氮肥

尤其葉柄中的硝酸濃度，能反映整個作物的氮營養狀況，主要在果菜與花卉中，常用來確定是否需要額外施氮肥。具體而言，如照片所示，從葉柄中採集汁液，將硝酸試紙浸入稀釋液中，用比色表比較色調或用小型反射式光度計檢測，可當天判斷是否進行追肥（第88頁介紹的「綠精靈」、「RQ Flex」，除了土壤診斷套裝，也有「汁液診斷」套裝）。

● 即時營養診斷的流程

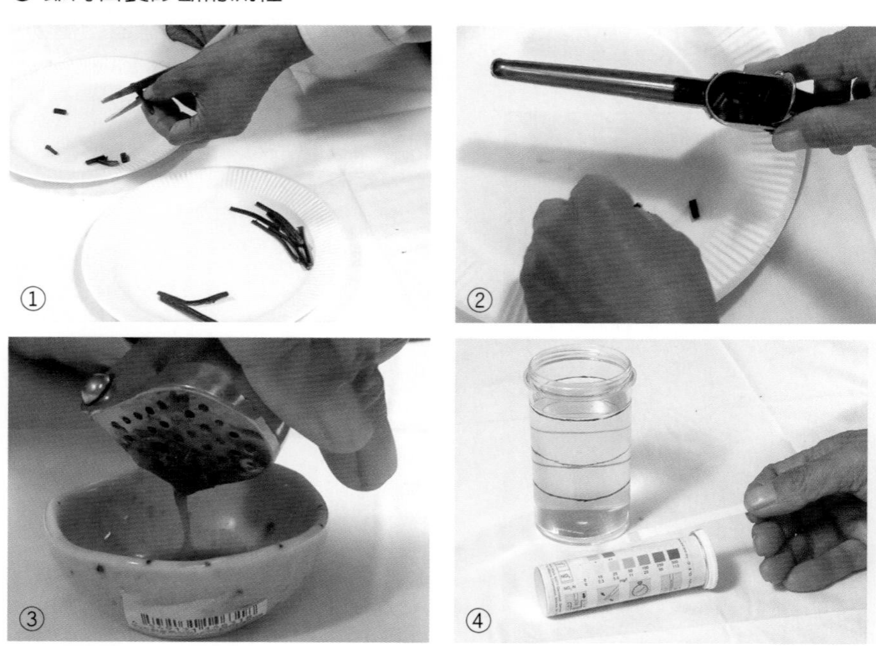

①將葉柄剪成1～2mm。②③將葉柄放入壓蒜器中榨汁。④汁液稀釋後，浸入試紙。將試紙的顏色與比色表比對，讀取成分含量，並與追肥的診斷標準比較，判斷是否需要追肥。

第8章

物理性診斷的進行方法

挖洞製作土壤剖面

開挖即知田區土壤的原本樣貌

土壤診斷從挖洞開始。以作物根部的心情去挖掘，將會浮現僅從表面觀看旱田無法得知的土壤內部世界。例如：

- ・表土層深度與作物根部發展
- ・各層土壤性質與土壤類型等差異
- ・土層的氧化與還原程度
- ・土壤團粒結構的發展情況
- ・犁底層的有無與深度

掌握作物生長的土壤內部環境，能得知作物生長良好或不佳的原因。

選擇挖掘剖面的時間與地點

首先，選擇一個地點挖掘。若要調查土壤現狀，請選擇作物生長均勻的地方。若要調查生長障礙的原因，請分別挖掘生長不佳與生長良好的地點各一處進行比較。最佳挖掘時期爲作物採收後即刻，此時能觀察作物根部的狀態。

準備的工具有鐵鍬、園藝用移植鏝、剪刀（修枝剪）與塑膠帆布（約2×3m）。也需考慮採取土樣進行化學分析，請準備容器與塑膠袋。

挖掘寬50cm×長80cm×深40～50cm深的洞穴

正式來說應挖掘一個寬1m×長1．5～2．0m×深1．0～1．5m的洞穴來調查土壤剖面。若目的是調查自家田區的土壤剖面，如下頁圖表所示，寬50cm×長80cm×深40～50cm即可。

觀察面用鐵鍬垂直挖掘，另一面挖成階梯形狀，便於觀察等工作。

土壤觀察面使用移植鏝適當整平，將根部拉出數mm後切除。但無需修整到完全平整，便於觀察土壤性質即可（石礫、構造、土質等），略微粗糙也無妨。

清除表面髒汙後，讓石礫維持原樣。將挖掘出的土置於洞口左右兩側，鋪於塑膠帆布上，將表土與底土等依土層分別擺放，以便依原貌回填。

觀察面修整結束後，拍照記錄。最好在觀察面放上捲尺，並在紙上寫下測量地點與日期後再拍照。此外，若觀察面直射曝晒於陽光下，照片將不易辨識，原則上應避免。

土壤剖面調查方法

從挖洞學到的事

（照片：金子文宜）

【從剖面了解土壤內部】
① 表土層深度、作物根部生長
② 各層土壤性質、土壤類型
③ 土層的氧化、還原程度
④ 土壤團粒結構的發展情況
⑤ 犁底層的有無與深度 等

【也能找出導致這些症狀的原因】
① 感覺根部生長似乎變差
② 土壤似乎變硬
③ 排水似乎變差
④ 容易發生根瘤等病害 等

挖洞方式與剖面修整技巧

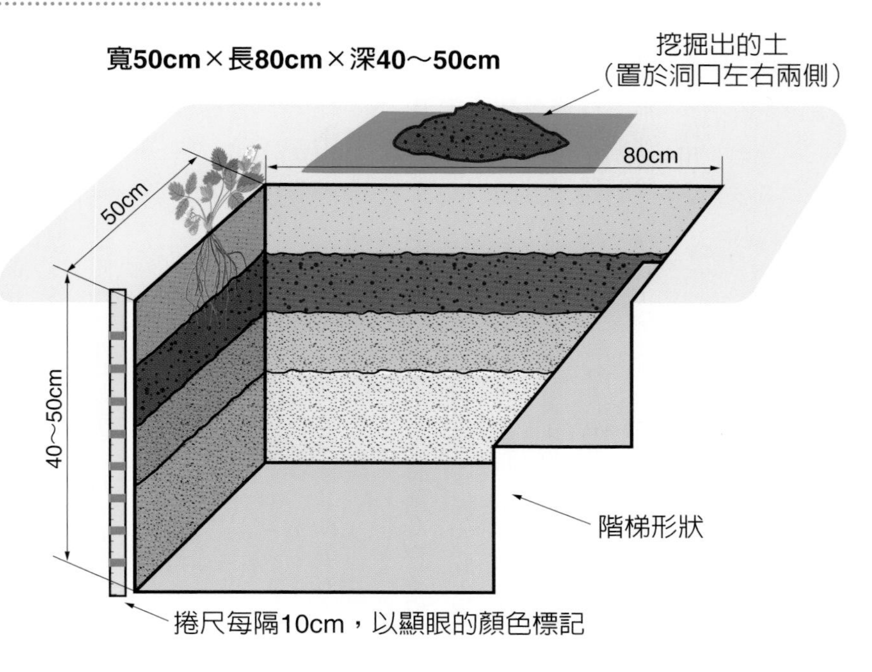

觀察土層（表土層、犁底層）

表土層的深度與硬度

觀察土壤剖面，有軟的部分、硬的部分、黑色的部分、帶紅色的部分與有根部生長的部分，能發現土壤是層層堆積組成。

最上層是耕耘與施肥等可人工加以處理的土壤，稱爲表土或表土層。

表土層的深度（表土深）可用鐵鏟輕輕挖掘土壤表面來判斷。若感覺鐵鏟尖端碰到堅硬的土層，可判斷其爲表土層的深度。製作土壤剖面的話，試著將食指從表層插入剖面，若其柔軟程度爲手指能按入到第一個指節，可判斷其爲表土層。

水田的表土深達15cm以上，一般旱田達25cm以上較爲理想。

另有「有效土層」一說，指作物根部可延伸的土壤層，與表土層不同，對於深根系果樹非常重要。

位於表土層下方的犁底層

緊接在表土層下方，是近年來變成問題的堅硬「犁底層」，被認爲是曳引機與聯合收割機等大型機器在田區裡行駛而形成。不僅表土深度變淺，堅硬土層不利於排水，使根部伸展變差的情況越來越多。

用手指按壓土壤剖面能立即看到犁底層。表土層蓬鬆柔軟，深度約15～20cm時變硬（硬度檢查方法詳第102頁），這是犁底層的頂部。依旱田種類，出現犁底層的深度、硬度與土層厚度各不相同，硬到無法以手指按入，則表示根部也難以延伸。此外，水難以向下流出，雨水多時易受溼害。

調查根部伸展

在剖面調查中，檢查根部數量與其伸展方式也很重要。

由下頁下方的照片來看，表土層裡有許多根部是很自然的事，也能看出根部已經到達了下面的底土層。若堅硬的犁底層已出現裂縫或孔洞（前期作物根部貫穿的痕跡），根部會順其穿過。裂縫與孔洞中，存在充足的水與空氣，對根部也有益處，爲向下伸展的根部提供路徑。若種植無需砍除的作物，這些裂縫與孔洞對作物的生長發揮著重要作用。

觀察土壤（表土層、犁底層、根部）

試著挖掘犁底層

觸摸土壤剖面的同時，試著用抹刀刮除突然變硬土層上方的鬆軟土壤（表土）。其後，在硬土層下方稍軟土層（底土層）往內挖掘，這時會呈現硬土層被夾在表土層與底土層中間，這就是犁底層

（照片：倉持正實）

調查根部伸展

能看出表土層裡有許多根部，但也能看出根部透過裂縫延伸到下方的底土層中。表土層約15cm

（照片：依田賢吾）

物理性診斷的進行方法

調查土壤的性質（土壤顏色）

顏色能告訴我們土壤中的環境

若仔細觀察田區的土壤顏色，有黑色、褐色、黃色、紅色、灰色、青色、白色與這些顏色組合而成的無數種顏色。

土壤的顏色是描述土壤形態特徵的土壤調查項目之一，受母岩（第10頁）本身顏色與在土壤環境中發生化學反應所生成產物的影響而決定。

將田區的土壤與「新版標準土色帖」（農林水產技術會議監製）進行比較的話，更清楚易懂。

土壤的水分與土壤的顏色變化

土壤的顏色主要與有機質、氧化鐵的形態與含量息息相關。此外，氧化鐵的形態隨含水量（還原程度）而變化，改變土壤的顏色。

排水良好易保持乾燥的田區，往往土壤砂質多且有機質少。這些田區生成了氧化鐵，土壤的顏色呈褐色～褐灰色。反之，排水不良的田區經常出現黏性較高的土壤。大雨過後，土壤中的空隙會填滿水分，空氣變得稀薄。即便地下水位高的地區，也是相同情況。換句話說，土壤處於缺氧（還原）環境下，產生了直接還原鐵，則顏色呈灰色～青灰色。

土壤的顏色由有機質與鐵決定

通常我們看到的土壤顏色，大略分為5種。

【黑色】 一般來說，顏色越黑，有機質含量越高。不僅質地柔軟，排水、保水性良好之外，保肥效果也很好。然而，在水田中，黑色部分是硫化物還原形成的顏色，這種情況下能聞到腐敗臭味或硫化氫的味道。

【紅色～褐色】 有機質少，排水良好而土壤乾燥的條件下，氧化鐵含量多時呈現的顏色。

【白色】 土壤的條件與紅色～褐色相同，是幾乎未含鐵時所呈現的顏色。此外，白色也是鹽類的顏色，在溫室土壤中，由於施肥過多，分離出肥料鹽分，使土壤表面呈現白色。

【青色】 含氧量高的旱田，在調查時很少看到青色。常見於水田等水分呈飽和狀態（還原狀態）的田區。隨著還原的進行，反映直接還原鐵的顏色，土壤會越來越呈現青色。

【灰色】 隨著土壤的還原進行，在土壤變成青色之前的條件下，能看到灰色的土壤。

觀察土壤的顏色，就能了解土壤的性質與環境

土壤剖面可見各式各樣的土壤顏色

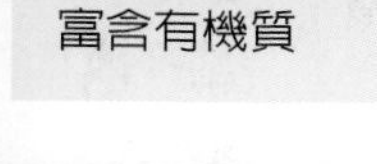

黑褐色的土壤
富含有機質

紅褐色的土壤
富含氧化鐵、排水良好的乾燥土壤

青灰色的土壤
直接還原鐵多、排水不良的土壤

（照片：依田賢吾）

從土壤的顏色，了解田區特性

顏色越黑，有機質越多	→ 土壤柔軟 → 排水、保水性良好 → 保肥性佳
顏色越紅，含鐵量越多	→ 有機質少 → 土壤乾燥 → 排水良好
顏色越白，有機質越少	→ 鐵分少 → 排水良好 → 保肥性不佳
顏色越青，水分越多	→ 有機質少 → 排水不良
灰色為土壤變成青色之前的中間條件下出現	→ 含有機質與鐵 → 排水稍差 → 保肥性普通

（資料：「月刊　現代農業 2018年10月號」農文協）

調查土壤的性質（土質）

「土質」由3種不同粒徑的顆粒組成

「土質」如第14頁所述，構成土壤的無數顆粒子中，除石礫（粒徑2mm以上）以外，依據砂（粗砂+細砂）、坋土與黏土等3種不同粒徑的排列組合（重量比）來分類土壤。

在這3種顆粒中，最大顆的砂是由母岩碎片與構成母岩的礦物所組成，不易受壓實作用，發揮土壤骨架的功能。顆粒大的砂，粒子間空隙也大，與排水性、通氣性密切相關。

另一方面，顆粒最小的黏土，由於粒徑極小，表面積較大。因此，具有膠體特性，顆粒表面有電荷，可吸附肥料成分，或是交換離子，具有活性。

坋土又稱爲粉砂，粗的部分具支撐作用，細的部分具黏土作用，爲介於砂與黏土之間的中間性質。

粒子間相互調和創造土壤個性

雖然傾向關注具有膠體特性的黏土，但實際上混合砂、坋土與黏土等3種不同種類的顆粒，才能眞正顯現土壤個性。

黏土含量越高，土壤的保水性、保肥性就越高，但粒子之間的空隙小，排水性不佳，粒子之間過度保持水分。

因此，下雨時，田區長期泥濘，乾燥時又變得堅硬。添加砂將使其更易於使用。

最適合耕作的土壤是「壤土」，是黏土與砂各占一半的土壤。

用手觸摸調查「土質」

嚴格來說，判斷土質時，應將土壤帶回，乾燥後捏碎，於實驗室利用比重計或篩網分類粒徑，以其重量百分比進行判定。但這花費時間與精力，對於業餘人士來說，實屬不易。因此，在現場時，透過觸摸來判斷戶外土壤性質的方法更爲實用。

調查的土塊若是乾燥的話，加少許水潤溼後，用拇指、食指與中指搓揉。依據這時指尖的觸感來推測砂或黏土的比例。

此外，還有一種方法是放在掌心搓揉，看看可否塑成棒狀，或可否塑成紙撚般細（如下頁）。

作爲練習用，市面上有販售練習用的標準樣本。

3種不同大小的粒子決定土質

嘗試將不同土質與水混合，調查沉降方式

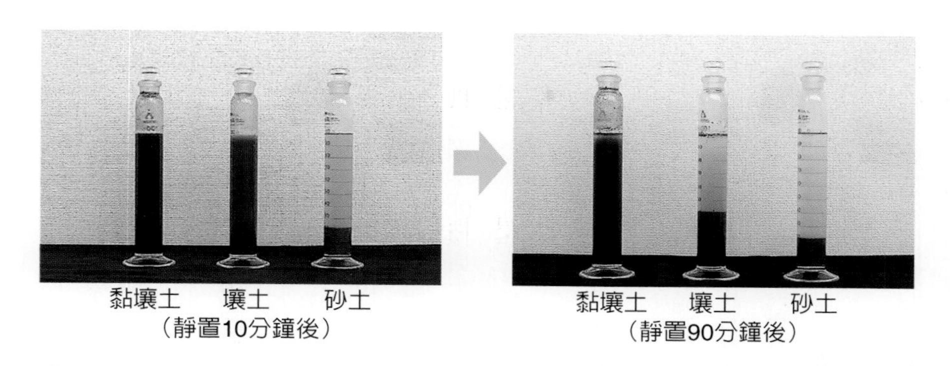

最右邊的砂土保水性弱，經過一段時間後，土壤與水馬上分離。最左邊的黏壤土保水性高，並未分離太多。中央的壤土介於兩者之間

〔照片：（一財）日本土壤協會〕

現場土質診斷（結果詳第15頁）

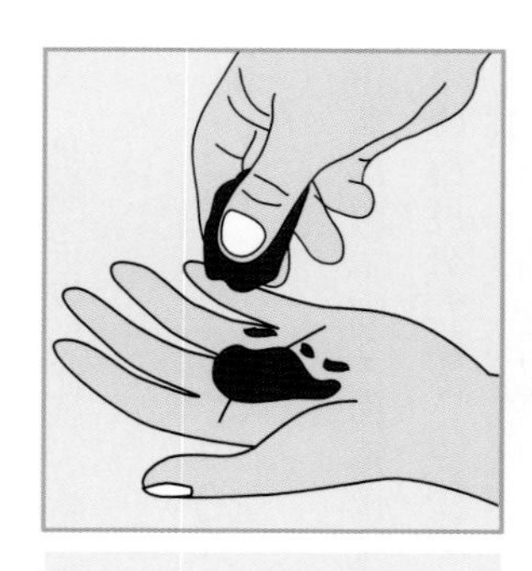

用拇指、食指與
中指捏取土壤

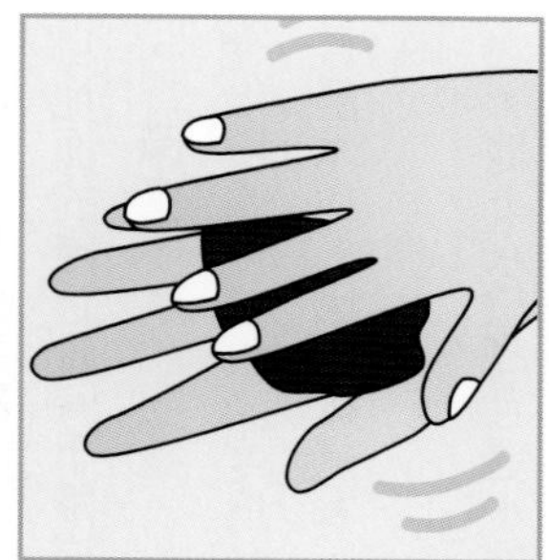

放在掌心搓揉，塑成紙撚形狀

調查土壤的性質（水分）

作物能利用與無法利用的水

顯而亦見作物生長必不可缺水，但與水耕栽培不同的是，對於在土壤中生長，在土壤中伸展根部吸收水分的作物而言，則分爲作物能利用的水與無法利用的水。這是因爲土壤顆粒具有吸附與維持水分的性質。

換句話說，作物需要比土壤吸附維持水分更大的力量，來將水分從土壤剝除進而利用。將該力量（水勢）以水柱高度（cm）的對數（pF）表示。

pF1．0相當於用吸管從10cm深處吸水所需的力量，pF2．0相當於從1m深處吸水所需的力量。

下頁上方圖表顯示pF值與土壤水分、作物生長之間的關係。

「速效性有效水」的水分狀態

作物出現凋萎現象的水分狀態，稱爲「初期凋萎點」，一般相當於pF3．8。作物幾乎枯死的水分狀態，則稱爲「永久凋萎點」，相當於pF4．2。作物能健康生長的範圍是pF1．5～1．8到2．7～3．0，即所謂的「速效性有效水」。

測量pF值時，應依據田區的高低差設置數個水分張力計。作物開始灌溉的基準點，雖然依據作物的類型與生長階段而異，通常在pF2．5（約地表下10cm深）前後居多。

「速效性有效水」的土壤，挖掘後握在手裡，能感覺掌心溼潤，張開手後，能感覺掌心留有稍微溼潤的水分。

水田的「減水深」為20～30mm

水田與旱田不同，作爲用水管理的指標，多以田間水位的下降程度來判斷，這稱爲「減水深」，是蒸發散量（田面蒸發量＋葉面蒸散量）＋滲透量〔來自田埂的滲透量＋來自地面的滲透量（下降浸透量）〕的合計，單日合計稱爲「日減水深」。

適合水稻的日減水深度爲20～30mm。日減水深大於該數值的砂質水田，因漏水過多，導致肥料不足，是發生倒伏的原因。

反之，地下水位高且透水性低的黏性土質水田，若每天的日減水深小於10mm，則易發生強烈還原狀態，容易發生爛根。

田區的水分狀態

供作物利用的水分與作物的生長

水量	多 ←→ 少				
pF值	0	1.5～1.8	2.7～3.0	3.8	4.2
土壤水分	重力流失水分（多餘水分）	有效水 速效性有效水（生長有效水）			無效水（非有效水）
水常數	最大容水量	田間容水量	生育阻礙水分點	初期凋萎點	永久凋萎點
作物生長	根部受溼害	生長正常		出現凋萎	

土壤水分張力計
DM-8（張力計）
僅需埋入土壤中，即可測量土壤中的pF值

售價：10,800日圓（未稅）
（竹村電機製作所）

〔資料：「土壤環境改良及作物生產」（一財）日本土壤協會〕

握在手中即可知道土壤的水分狀態（黑色火山灰土的判斷方法）

● 降雨後第1天的表土

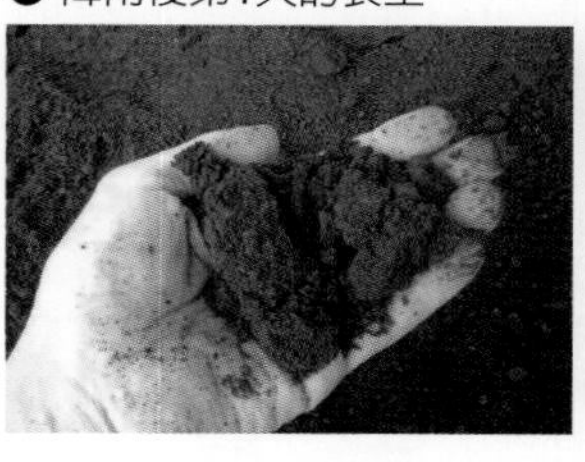

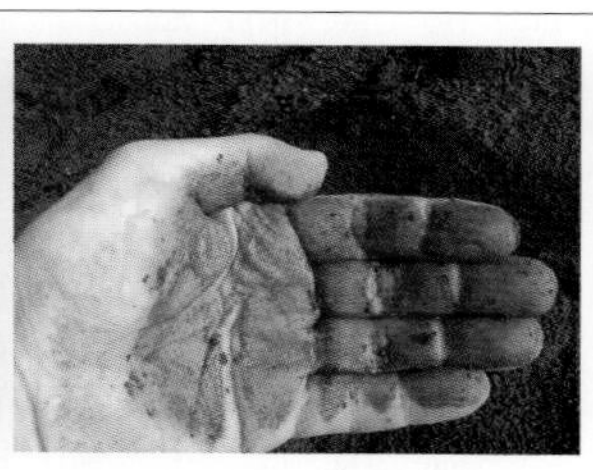

土壤水分幾乎等同田間容水量
握起來感覺有黏性
強烈感覺到水分

● 降雨後第3天的表土

乾燥且土壤的水分少
只感覺到掌心的溼氣
水分未附著在掌心上

（照片：金子文宜）

檢測土壤的硬度（密實度）

蓬鬆的土壤與堅硬的土壤

若曾有在田裡挖過洞的經驗，能知道每塊田區的土壤硬度各不相同，即使在同一塊田區，隨著挖掘的進行，從剖面觀看土層，也能感覺到土壤的硬度不同。若用手指觸摸土壤的剖面，能更清楚感覺到差異。

鬆軟的土壤僅占田區表面約10～20cm，下方有堅硬的犁底層，而犁底層下有時還會有一層稍軟的土壤。而且，也能知道作物根部的生長、數量與土壤的硬度息息相關。

土壤的硬度在土壤診斷中稱爲土壤的「密實度」。

土壤之所以堅硬，是因爲土壤的顆粒非常細，在一定的容積密密麻麻地塞滿（密實度增加）。蓬鬆的土壤是經過長時間施用堆肥等有機質透過耕作在土壤中引入空氣，與前期作物根部留下的孔道，創造了空間所致。

不言而喻，農作物在鬆軟的土壤中，生長得比在根部無法伸展的硬土裡好。

土壤硬度指的是土壤顆粒的密度

土壤的「密實度」一般指利用山中式土壤硬度計所測到的數值。換句話說，也就是測量土壤顆粒的堆積程度。

若密實度太低，曳引機等大型農機具會沉入地面而無法行駛，但密實度高的話，會阻礙作物的根部伸展。

據說適合作物生長的密度爲11～20mm左右（如下頁表格）。數值超過20mm時，作物的根部較難伸展，超過25mm時，則停止伸展，達29mm以上時，則出現犁底層。

專業測量器與利用手指調查密實度的方法

調查土壤硬度主要使用硬度計（Push-Cone式、山中式）與貫入式土壤硬度計。

硬度計是將硬度計前端垂直插入整平的土壤剖面，讀取當時的刻度（mm）。土壤越硬，則數值越高。貫入式土壤硬度計則無需在田區挖洞製作剖面，於田區表面將前端插入土壤表面，將前端可抵達深度的貫入抵抗數值化。

若沒有專業的測量儀器，請用手指檢查。此方法是依據手指按壓土壤剖面時的壓入方式與手指感受到的阻力來判斷（如下頁照片）。

用手指診斷土壤硬度（密實度）

根部伸展方式與山中式土壤硬度數值的關係（參考）

手指壓入方式	根部伸展方式	山中式土壤硬度計顯示的數值（mm）
毫無阻力		10 以下
稍有阻力		11 ～ 15
阻力強	根部較難伸展	15 ～ 20
無法壓入，但有凹痕	根部非常難以伸展	20 ～ 24
僅有手指痕跡	幾乎無法伸展	25 ～ 28
幾乎沒有手指痕跡		29 以上

（資料：「月刊　現代農業 2006年10月號」農文協）

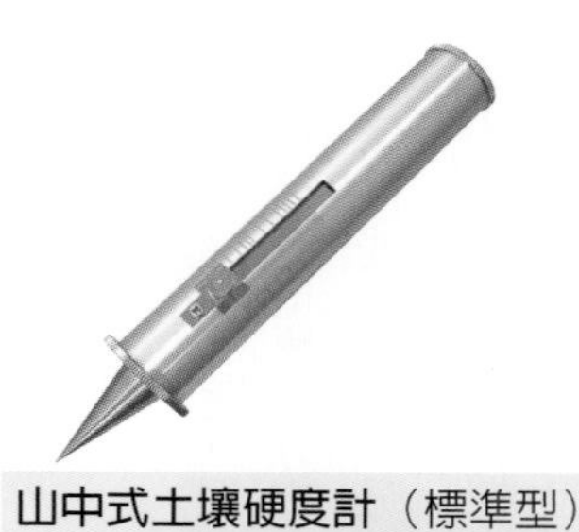

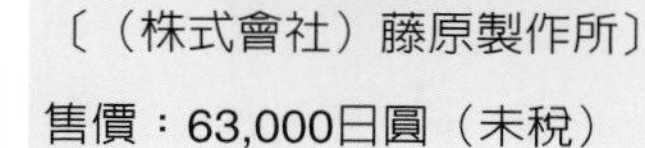

山中式土壤硬度計（標準型）
〔（株式會社）藤原製作所〕
售價：63,000日圓（未稅）

在剖面按壓手指

▶手指能毫無阻力按入土壤

硬度10mm以下

▶無法按入土壤，但有凹痕

硬度20～24mm

▶無手指凹痕

硬度29mm以上

（照片：倉持正實）

團粒構造發展的觀察與檢測

請注意剖面的圓形顆粒

用刷子輕輕地掃過土壤剖面，會出現細根與大大小小的土壤顆粒（如下頁照片）。這些土壤顆粒就是團粒，尤其是剖面頂部的表土層有著豐富的團粒。

雖然肉眼看不見，但團粒內部有微小孔隙，外側有大孔隙。每個團粒能保存作物需要的養分與水分。此外，由於團粒外側與空氣接觸爲好氧環境，但因內部氧氣濃度低且具有還原性，變成好氧微生物到厭氧微生物等各種微生物的居所。因此，團粒發達的土壤，不僅適合作物生長，對於土壤中的生物也是一個舒適的環境。

在手中搖晃來調查團粒

團粒的發展程度可從表土層取土放在手掌或鏟子上，上下左右搖晃，自然鬆開土塊，判斷剩餘團粒的直徑大小。

團粒是砂與黏土黏附了堆肥等有機質與植物根部產生的黏性物質，再加上土壤水分的表面張力作用，讓土壤粒子緊靠在一起而形成。因此，最好在降雨後1天左右觀察土壤水分狀況。

當團粒穩定成形時，土壤中的空隙增加，維持適度的保水性、透氣性與排水性，具有防止土壤侵蝕或結皮（雨水撞擊的壓力使表土密實變硬的狀態）發生的效果。

即使在水中也不會破壞結構的耐水團粒則備受關注。

在大雨中也不易破壞其結構，對於土壤侵蝕具有很強抵抗力的耐水團粒，在水中晃動分離後（溼篩法），測量穩定之後所得的土壤顆粒。這種判斷方法在現場施作非常困難。

多樣化團粒的存在很重要

下頁下方照片爲利用上述方法篩選表土，調查了團粒狀態。

最右邊爲0．2×0．5cm的細團粒，中間爲直徑1cm的團粒，左邊爲發展成柱狀的土塊。該柱狀土塊達2×5cm，這種大小不能稱做團粒。

在適宜的土壤水分條件下形成的良好團粒結構中，存在著大小不一的顆粒。

觀察土壤剖面的團粒

觀察土壤剖面

▲ 將顆粒狀的土壤團粒放在手上，搓開後，留下1～2mm的顆粒

▶ 胡蘿蔔田的土壤剖面。用刷子修整剖面。在剖面中看到的顆粒，即團粒化狀態

（照片：倉持正實）

多樣化的團粒

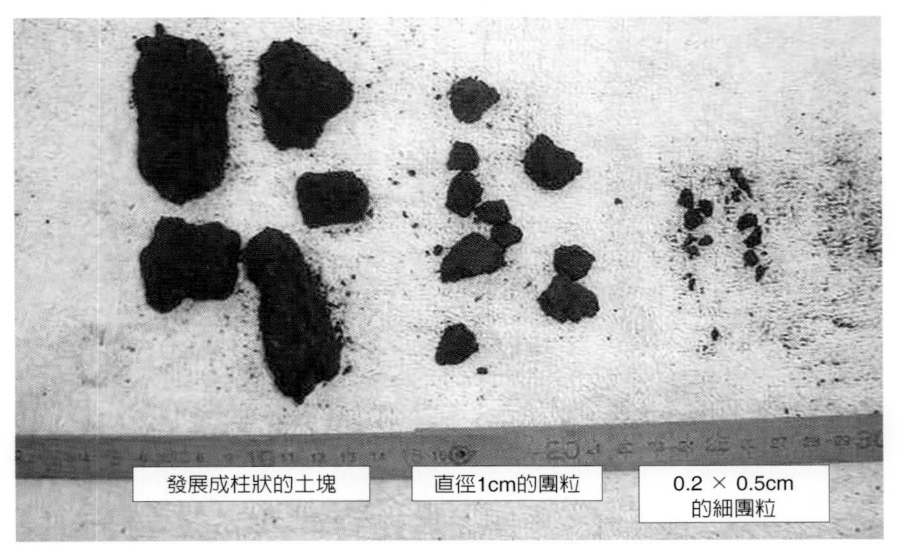

（照片：金子文宜）

土壤三相測量①採土法

土壤三相是由構成土壤的固體礦物顆粒與土壤有機質的顆粒（包括土壤顆粒、動植物殘體、微生物、腐植質與小動物等）、進入上述顆粒空隙中的水（土壤水）與未被水填滿的空間等3項所組成。

各自的比例（容積比例）稱爲「固相率」、「液相率」（水分比率）與「氣相率」（空氣比率），該比例稱爲土壤三相。相較於變化小的固相率，常因降雨與灌水而變化的液相率與氣相率的總合稱爲孔隙率。

土壤三相與土壤硬度、保水性、透水性、透氣性密切相關，一般適合作物生長的比率被認爲是固相45～50%，液相與氣相20～30%（第16頁）。

用採土管採樣土壤

調查土壤三相，從土壤取樣開始。

此時使用的是不鏽鋼製的採土管，爲內徑50㎜，高度51㎜，內容量100ml的圓筒，兩端附蓋的容器。

應考量排水好壞來選擇調查地點。1處田區最好選擇3～6個採樣點。若在田區挖洞調查土壤剖面，一般會從中採土。

若要調查垂直方向的孔隙特性（土壤顆粒之間的空隙），則從垂直方向置入採土管，若要調查水平方向的孔隙特性，則朝土壤剖面以直角打入採土管。此時，圓筒內的土壤會被壓縮，應注意不要破壞土壤結構。

用鏟子或移植鏝將土壤樣本連同圓筒一起取出後，將圓筒兩端與樣本（土）用抹刀整平。可利用市售輔助工具，以便更輕鬆地置入採土管。

爲防止土壤樣本的水分蒸發，請將採土管的圓筒與蓋子用膠帶包覆，將其密封保存。爲了準確調查土壤三相，一般會委託專業機構（簡易測量方法詳第108頁）辦理。

利用土樣調查「假比重」

可利用採取的土壤樣本檢測假比重（容積重量）。

可知道孔隙特性，是田間土壤通氣性與透水性的參考指標（假比重詳第110頁）。

土壤三相與採土

多樣化的團粒

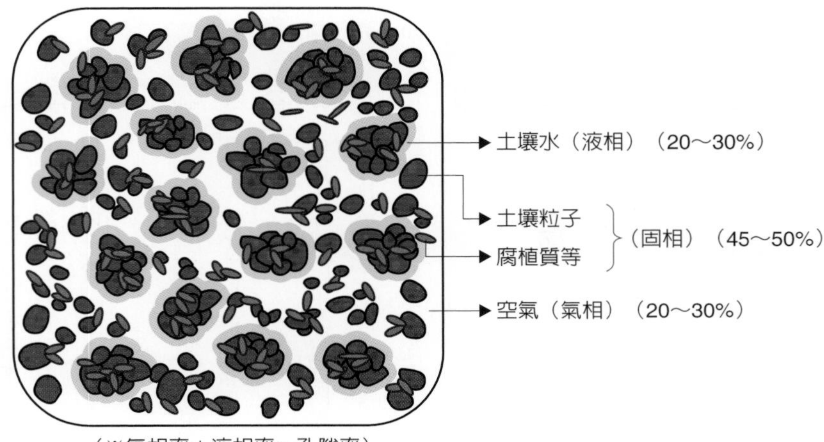

（※氣相率＋液相率＝孔隙率）

〔資料：「土壤環境改良及作物生產」（一財）日本土壤協會〕

採樣土壤方法

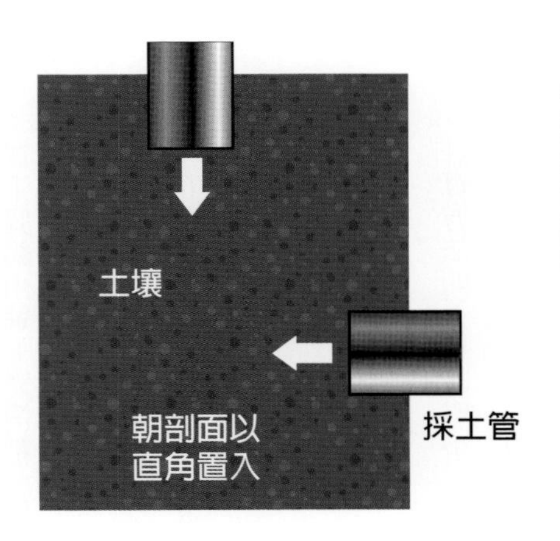

朝土壤剖面以直角置入採土管，採取土壤樣本。採土管圓筒内的土壤會被壓縮，請慎重操作注意不要破壞土壤結構

採土管（樣本筒）：内徑50mm、高51mm、容量100ml的圓筒形不鏽鋼管。兩端附蓋

土壤三相測量②簡易測定法

自行測量土壤三相

土壤三相的測量多委託專業機構辦理，但若目的是了解自家的土壤狀態，可利用簡易測量方法。土壤採樣也非常容易，無需使用專用採土管（第107頁），即可在現場進行測量。

僅需準備路邊自動販賣機販售的一般尺寸罐裝咖啡容器、磅秤（能測量0．5～1kg的重量即可）、卡式爐、平底鍋與一些錫箔紙。

用咖啡罐代替採土管，事先剪掉兩端，將圓筒的容積調整到100ml。由於罐子的直徑是5cm，留下中段的5．1cm，那麼圓筒內的容積大約是100ml。預先測量圓筒的重量Ⓐ。

從採土到測量的程序

選擇測量地點，將準備好的圓罐輕輕壓入土中。從土壤表面向下推或製作剖面從水平方向壓入皆可。若要調查表土層，在10cm深左右的剖面從水平方向壓入採土即可。

不論何種方式，直到土壤滿出罐子爲止，用木板等將罐子壓入土壤中。

取出罐子後，用抹刀或小刀將罐子兩端的土壤修整到與罐身齊平，即完成土壤採樣。

首先，將裝滿土壤的罐子進行稱重Ⓑ。下一步是去除土壤中的水分。

在平底鍋內鋪上錫箔紙，放入裝滿土的罐子，開火加熱。注意勿讓有機質燒焦，請一邊滾動罐子，一邊用小火加熱大約1個小時。當土壤乾燥後，稱重Ⓒ。

這樣就完成了簡易測量。其後可依據測量的重量計算土壤三相。

計算土壤三相的比例

計算方法如下頁圖所示。

採土總容積爲100ml。加熱土壤後蒸發的水分（Ⓑ－Ⓒ）是土壤中所含的水分。由於水的比重爲1，因此該數值爲容積%表示。Ⓒ是固體的重量，除以固體的比重（這裡用眞比重）來計算固體的容積（%）。既然知道了液相與固相的比例，剩下的便是氣相的比例。

土壤三相的簡易測定法

需要準備的東西

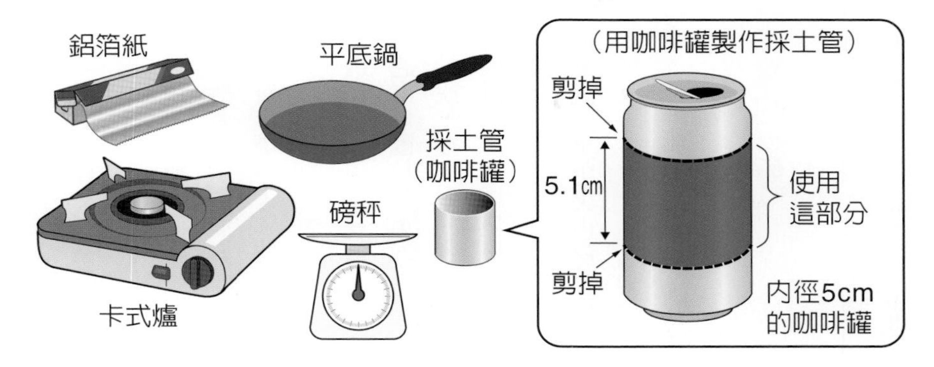

簡易測定法的步驟（範例）

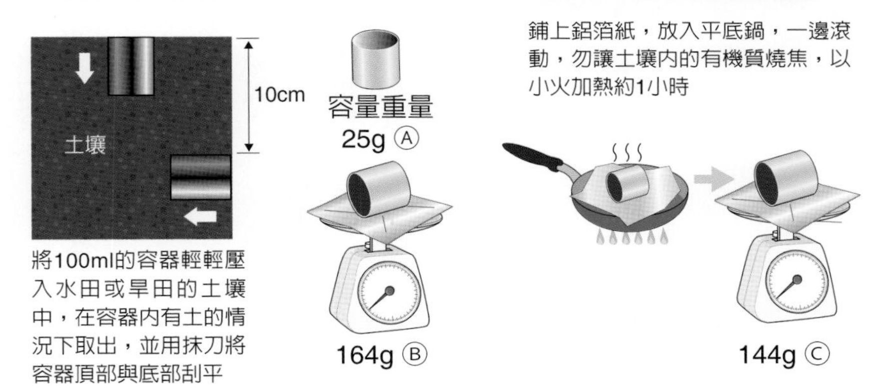

將100ml的容器輕輕壓入水田或旱田的土壤中，在容器內有土的情況下取出，並用抹刀將容器頂部與底部刮平

鋪上鋁箔紙，放入平底鍋，一邊滾動，勿讓土壤內的有機質燒焦，以小火加熱約1小時

計算土壤三相

液相	Ⓑ－Ⓒ＝164g－144g＝20 ······················	20%
固相	$\frac{Ⓒ－Ⓐ}{固體比重}＝\frac{144g－25g}{2.6}$＝46 ············（2.6為土壤的真比重，詳第110頁）	46%
氣相	整體－(液相＋固相)＝100－（20＋46）＝34 ····	34%

（資料：藤原俊六郎「新版　圖解土壤的基礎知識」農文協）

診斷的基礎「假比重」的測量方法

何謂假比重

土壤固相重量除以土壤體積所得到的值，每單位容積的固相（土壤顆粒＋有機質）重量。也稱爲容重。以每1 cm^3 的克重（g／cm^3）爲單位。

假比重因土壤類型而異，即使是相同的土壤，也因結構發展程度與充塡狀態而異。一般在火山灰土壤中小，在非火山灰礦質土壤中大。此外，土壤中腐植質含量越高，假比重越小。

若土壤中存在大量有機質，則有機質會將土壤顆粒結合在一起形成團粒（第22頁）。這會形成各種大小的孔隙。換句話說，在一定的容積下，孔隙率增加的話，礦物顆粒的比例減少，土壤變得鬆軟，受孔隙量影響的假比重數值會降低。

一般來說，黑色火山灰土爲0．6～0．7，非黑色火山灰土爲0．8～1．3。若假比重超過1．3，則土壤相當緻密，需要施用有機質等進行土壤改良。

與真比重的差異

也有眞比重一詞。這是土壤固相部分的比重。其值不隨孔隙量而變化。這一點與假比重不同。

由於固相部分是土壤顆粒與有機質比重的平均值，因此該數值依據土壤顆粒的組成或有機質含量而異。

一般來說，黑色火山灰土爲2．4～2．9，非黑色火山灰土爲2．6～3．0。

假比重的測量方法

假比重可透過從現場採集到一定容積的土壤樣本，以105℃加熱蒸發水分而獲得的乾土重量除以容積或從現場採取風乾細土，依規定的方法裝塡一定容積，再將其重量除以容積等方法。建議參考第108頁解說利用容積100ml的採土管採取土壤樣本進行測量。

下頁介紹簡易測量方法。該方法參考土壤三相的測定法，思考模式相似。

應用化學分析所發現的不足養分（kg／10a）等，可利用假比重計算出各面積的土壤重量，因此能準確算出所需的肥料、資材量。

假比重的簡易測定法

假比重可用於估算作物生長的難易度、施肥量

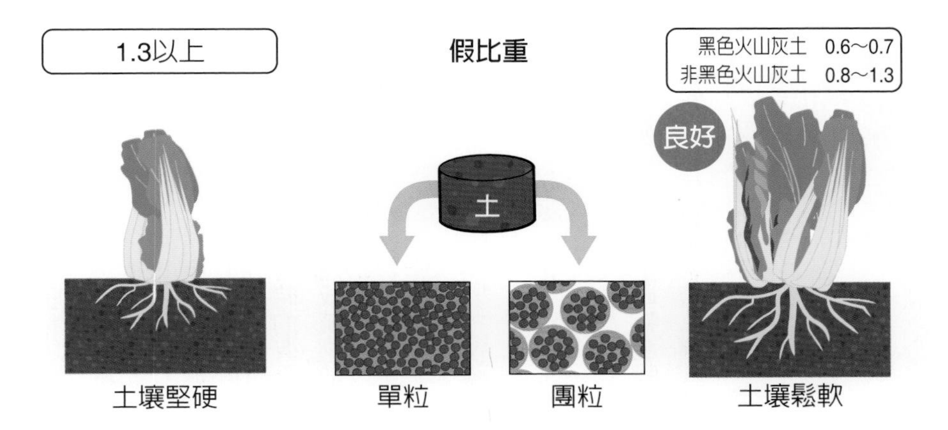

假比重的簡易測定法

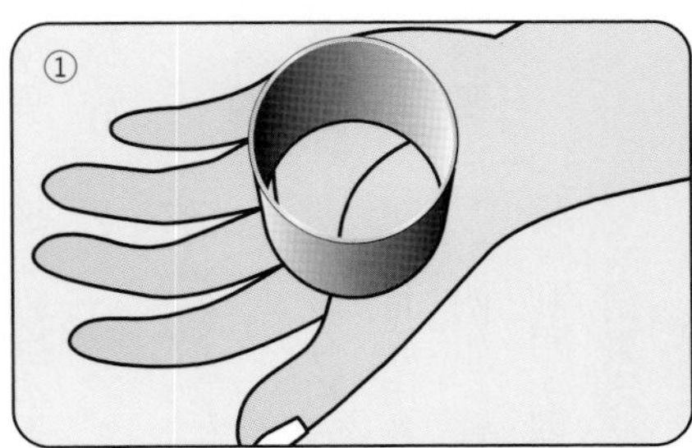

採土工具：直徑5cm的堅固罐子，剪下5.1cm寬的部分作為採土管（容量100ml）

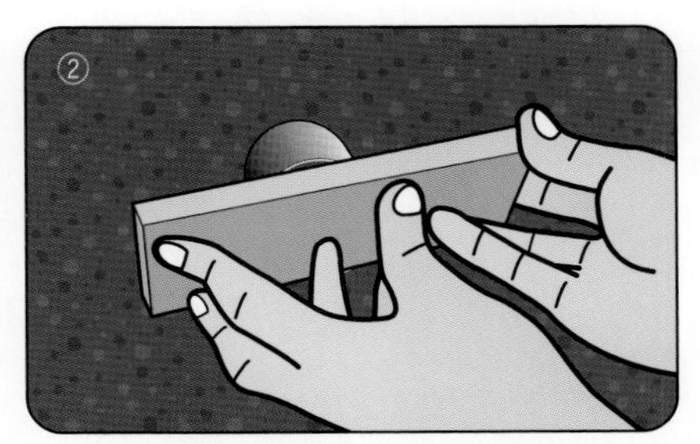

將步驟①製作的罐子以直角放置在要調查的位置上，將其壓入直到土壤填滿罐子

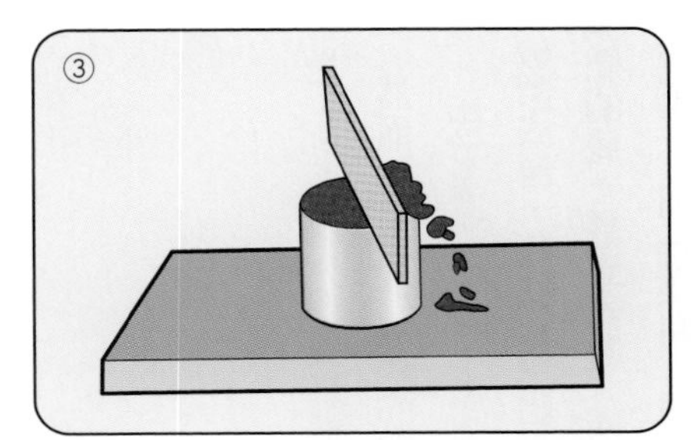

取出罐子，用抹刀將容器頂部與底部突出的土壤刮平

平鋪在稱重後的鋁箔紙上，移至平底鍋中用小火加熱。當土壤變白時關火並測量重量

（資料：安西徹郎著、JA 全農肥料農藥部編「任何人都能辦到的土壤物理性診斷及改良」農文協）

改善土壤物理性的訣竅

已知的田區弱點與對策

從田區挖洞開始的田區物理性診斷，發現了什麼？與養分等化學性診斷相疊來看，施肥與耕作方法等，想必許多需要改善的地方已更加清楚明朗。

在下一頁，總結自家田區的弱點與對策。如上圖，觀察土壤剖面與分析從中採土的結果，作爲被診斷爲表土層淺或土壤堅硬、土壤三相異常時的改善項目與實際對策。下圖是受溼害而根部受損腐爛或植物散發出腐臭味時需要改善的項目與實際因應對策。

關於土層的深度、硬度、透氣性

上圖中間是需要改善的項目，最右邊是具體的改善方法。

被判斷爲有效土層、表土層較淺時，可採用深耕或打破犁底層（硬盤）作爲對策。若土壤較硬或透氣性差，比起一口氣深耕，可採用堆肥等有機質、播種綠肥並耕犁掩埋與施用土壤改良資材等。

關於土壤的水分環境

土壤水分的問題點也與土層的改善密切相關，有利用明渠與暗溝等改良排水、施用堆肥、將綠肥耕入促進團粒構造發展、施用土壤改良資材等改善方法。第114頁詳細介紹排水不良的改善方法。

不急於改善物理性

現今和過往不同的是，可利用大型機具進行深挖，也可大量施用禽畜糞堆肥。然而，這也造成新的問題。

例如，打破犁底層。由於表土層淺，所以在播種完畢後，利用小型挖土機打破犁底層，將底土挖出來的例子。結果將迄今無法施肥的底土翻到表層，造成施肥量等管理大幅失控。有名人說過「若要加深耕作層，以一年1cm爲限」。

此外，大量施用未熟化的禽畜糞堆肥，導致施肥量錯誤或引起疾病的情況也很多。

關於田區物理性改善

土層深度、硬度、通氣性對策

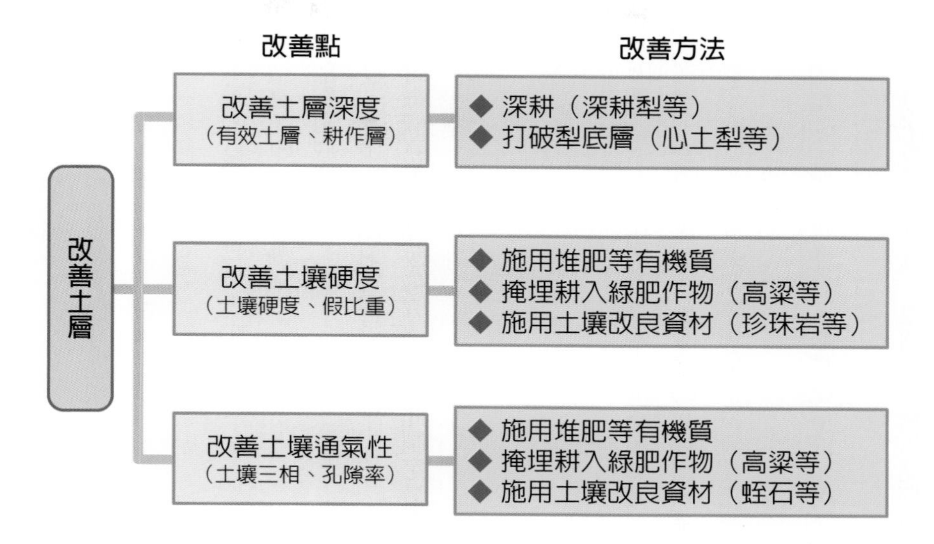

關於排水性、透水性的對策

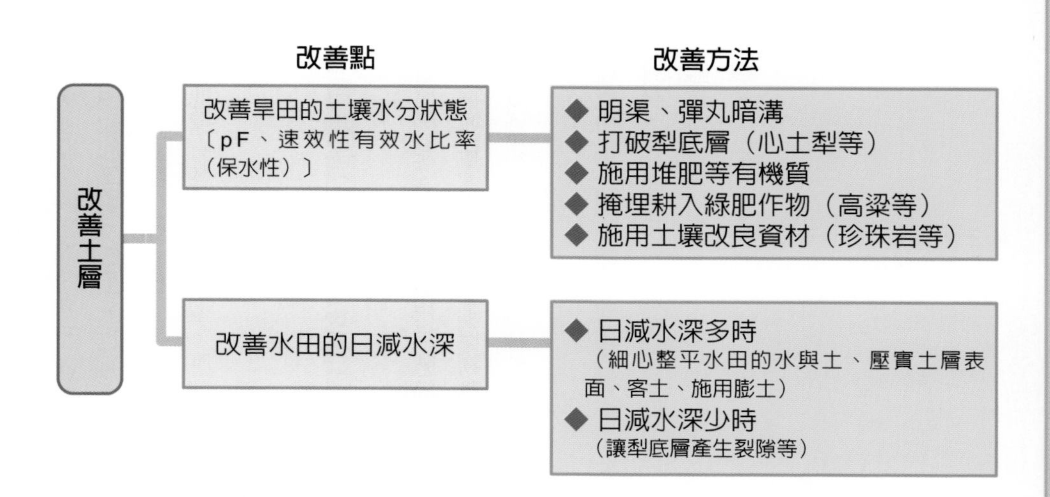

〔資料：「土壤環境改良及作物生產」（一財）日本土壤協會〕

排水不良的改善法

找出排水不良的原因並採取對策

近年來，豪雨越下越多。浸水多日而水卻又不退去，造成的損害逐漸增加。雖然大部分原因是降雨量過大，但如同第94頁所提，還有田間行駛大型機具形成犁底層的問題。

排水不良的可能原因包括：

①地下水位高，土壤黏性高。
②土層淺部有犁底層。
③土壤堅硬，孔隙少，通氣性與透水性都不佳。

已針對每個原因研發改善方法，因此制定最合適的改善對策非常重要。

從暗溝與打破犁底層來改善

若原因是上述①，在地面修建排水路（明溝）排除表面的水，在地下安置暗溝，將土層中的水排出，降低地下水位。由於現存暗溝多有效果不彰的前例，建議也一併疏通暗溝。

若原因是②，應盡可能在不破壞土層的情況下進行深耕，打破堅硬的犁底層。

現已開發了多種農機具，包括裝著鉤爪能打破犁底層並開通水道的鬆土機、將犁腿置於土中，不攪動表土與下層土，可打破犁底層進行鬆土的SubSoiler（打破底土）、結合「Plow」與「SubSoiler」的農機具，可耕耘也可打破底土，並將少許下層土帶至表層的Plow-Soiler（土層改良）、相較於Plow-Soiler，也有不將底土翻至地表的Half Soiler等。

其他還有各式各樣類型，應理解農機具的特性再進行選擇。

施用有機質改善土壤構造

若原因是③，建議施用堆肥等有機質的同時，也種植綠肥作物並耕入土中。綠肥作物具有多種特性，改善土壤密實度或通氣性的話，建議種植高粱、天竺草、青割玉米爲佳。

作爲增加土壤孔隙，改善透水性、保水性效果的土壤改良資材，也有應用蛭石與珍珠岩的方法。

雖作爲盆栽培養土使用，但也用於改善排水不良的黏性土壤。

改善排水

排水不良的原因是？

地下水位高的黏性土壤

總是高水位，降雨無法流入地下

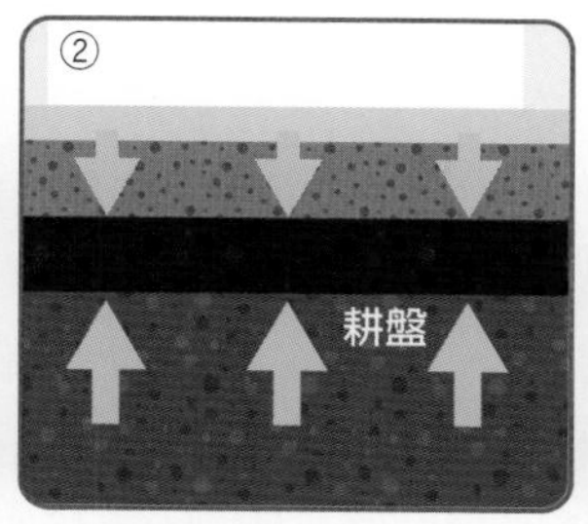

淺處有犁底層

降雨無法從犁底層往下流

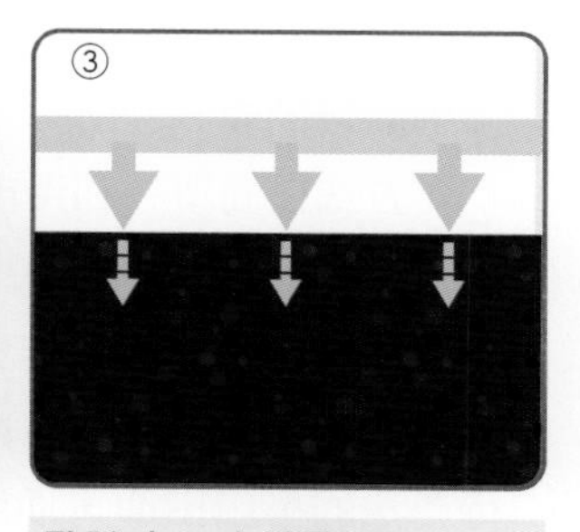

孔隙少，土壤堅硬

孔隙少，無法保水。土壤也很堅硬，所以雨水無法滲入土壤

改善土壤密實度的綠肥與土壤改良資材

高粱
掩埋耕入後，有改善土壤密實度、通氣性的效果

蛭石　改善透水性

珍珠岩　增加保水性

用油漆檢查土壤中的水分流動

僅看旱田表面，無法判斷雨水或灌溉水是如何滲透到田間土壤中。可用肉眼檢查的方法是將稀釋的白色油漆倒入田壟裡靜置一夜，第二天挖開土壤觀察剖面。

方法很簡單。利用市售的白色油漆稀釋約5～10倍，將去除底部的水桶埋入田壟約5cm深後倒入，使其透過底部滲入土壤中。

將自然農法的旱田與慣行農法的旱田進行比較，如圖所示，油漆在自然農法滲入到一半後，還能通過粗孔隙滲入較深的區域。另一方面，在慣行農法的旱田田壟，油漆能輕鬆滲入因耕作而形成的疏鬆土層，但下層因翻犁而被壓實的土層，油漆則無法滲入。這是因為自然農法會留下根孔並增加粗孔隙，所以排水性（通氣性）良好。

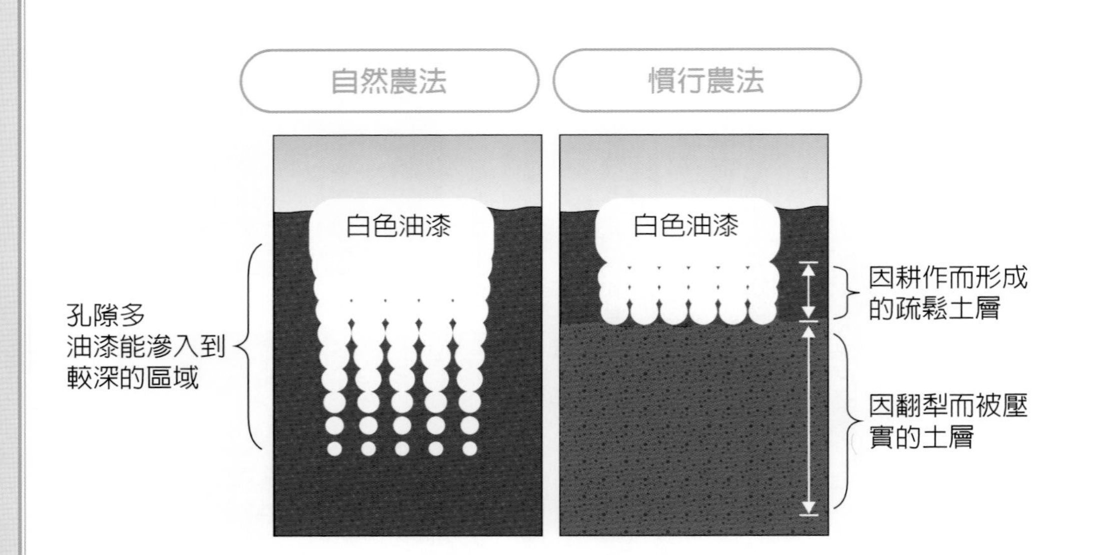

第 9 章

生物性診斷與改良

土壤病害診斷與對策的新階段

次世代型土壤病害管理，何謂HeSoDiM

HeSoDiM（Health checkup based Soil-borne Disease Management的簡稱）由前農業環境技術研究所開發，具有「以健康管理爲基礎的土壤病害管理」即土壤病害管理技術。

HeSoDiM除了既有的物理性、化學性評估外，近年來透過新的DNA分析技術，可對旱田土壤進行生物性評價（稍後敘述）。此外，將作物栽種的「易發生疾病程度」分爲3個階段綜合評估，並依據其程度提出對策。透過這些努力，可避免過度使用藥劑，並以低成本和對環境影響較小的方式進行土壤病害管理。

開發HeSoDiM的社會背景

傳統的土壤病害對策以對環境影響較大的方法如噴灑農藥與使用溴化甲烷等藥劑進行土壤燻蒸爲主流。但環境保全型農業的提倡已漸趨受到重視，現今不單依靠農藥的IPM（綜合病蟲害管理）理念亦廣爲人知，強烈要求土壤病害對策減少藥劑等降低環境負擔。依照年度耕種計畫，一律大面積、全面性進行農藥噴灑與土壤燻蒸，稱爲「防治曆」的傳統土壤病害防治對策，也面臨從根本上重新審視的壓力（如下頁中間圖表）。

何謂土壤DNA分析

直接從土壤中萃取DNA並分析目標微生物的基因。HeSoDiM是從土壤中萃取的DNA，將細菌、絲狀眞菌、線蟲的核糖體RNA基因進行增幅，依鹼基序列的差異，藉以分析該土壤中的微生物種類與微生物群落（多樣性）特徵的不同之處（PCR－DGGE分析方法，如下頁下方圖表）。

定期檢查「易發生疾病程度」

在人體健康檢查中，經由各種檢查所得到每個診斷項目的數值與標準值進行比較，如指導高血壓患者減少鹽分攝取，並開立降血壓藥物，使異常值接近正常的範圍來維持健康。HeSoDiM結合這個理念，試圖透過旱田土壤的診斷結果評估田區的「易發生疾病程度」，作爲預防土壤病害的對策（見下頁上方圖表）。

HeSoDiM的架構

HeSoDiM概念圖

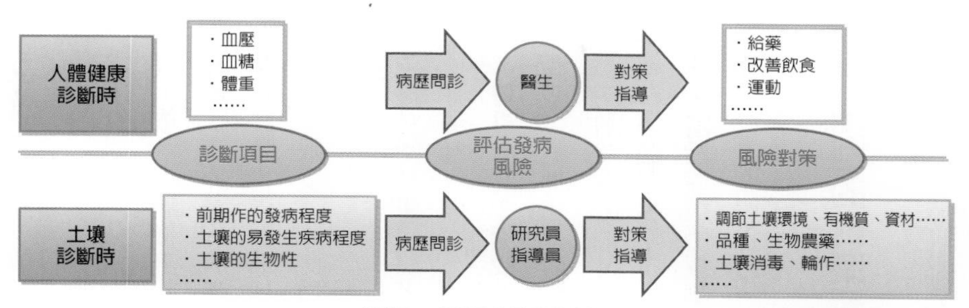

（資料：「降低土壤消毒劑的HeSoDiM指南」農業環境技術研究所）

既有的病害管理與HeSoDiM的想法

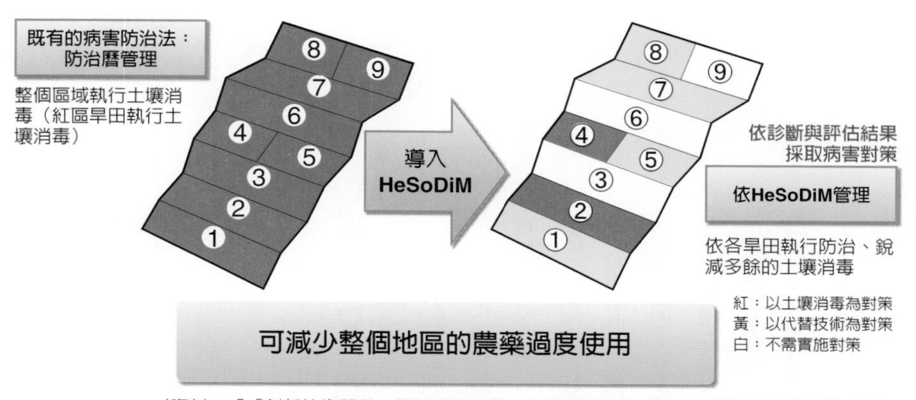

（資料：「『創新技術開發、緊急展開事業』技術提案會提案資料」農林水產省技術會議）

依土壤DNA解析土壤生物相指南

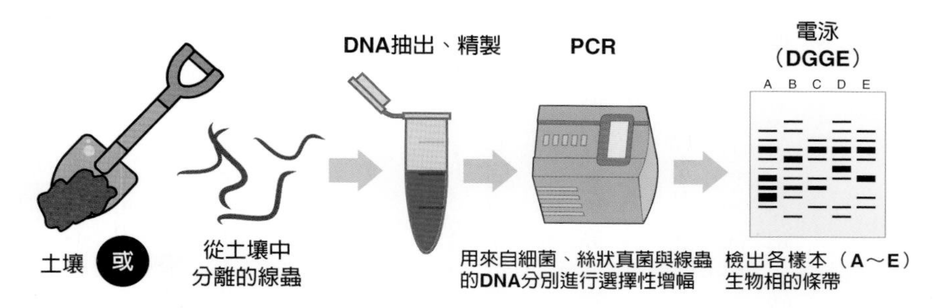

（資料：「農業環境技術研究所研究成果情報第24集」農業環境技術研究所）

土壤調查診斷與對策的週期

診斷、評估與對策的3大支柱

HeSoDiM是由診斷、評估與對策的3大支柱組成的土壤病害管理法。

【診斷】由所有疾病的共通診斷項目與各疾病的特徵診斷項目所組成。依各疾病檢查診斷表上的診斷項目（前期作疾病發生程度、病原菌的有無／密度、土壤的性質／耕種歷史、DRC診斷＊等）並加以記錄。考慮到成本，診斷項目維持在最低限度。＊此爲評價田區的發病促進性、抑制性的診斷。

【評估】依據診斷結果，將各項目與標準値進行比較，將旱田的「易發生疾病程度」指數分爲1（輕度）、2（中度）、3（嚴重）的3階段進行綜合評估。定期進行診斷並製作診斷表（病歷）。診斷項目應予限縮，並集中在重要項目（物理性與生物性中各1項，整體約5項左右）。盡可能詳細地塡寫判定理由，並保存診斷結果。

【對策】依3階段等級所規劃的對策中，考慮成本與工作效率，選擇最合適的防治技術。

每個評估級別的對策範例

每個評估級別的防治技術如下：

【等級1～2】透過土壤環境改良來預防疾病發生（製作抑制傳播的土壤），利用生物農藥與具抗性的品種與土壤矯正（加入石灰等土壤改良資材）等。

【等級3】土壤燻蒸處理、利用化學農藥與輪作等。

細分的對策中，即便在等級3的旱田效果不彰，在低級別（1、2）的情況下是有效的對策。可善用抑制發病效果高的資材、生物農藥與具抗性的品種，將化學農藥的使用限縮至最小限度，進而降低成本與對環境負擔的影響（詳圖表）。

HeSoDiM的目標

HeSoDiM利用每個旱田的診斷表來管理土壤病害。由地方指導機關與用戶（農民）共同合作累積預防資訊（診斷表），再利用於隔年之後的「診斷」與「評估」。透過資訊的累積與再利用的循環，將提高病蟲害防治的精準度，實現環境保全型的永續農業。

目前，農研機構農業環境變動研究中心爲了普及HeSoDiM正在多個縣展開實證試驗，並公布記載診斷程序、調查方法、對策技術等的指南。其中，介紹了高苣根腐病等共計21件案例。

HeSoDiM的土壤診斷與對策

防治對策清單（範例）

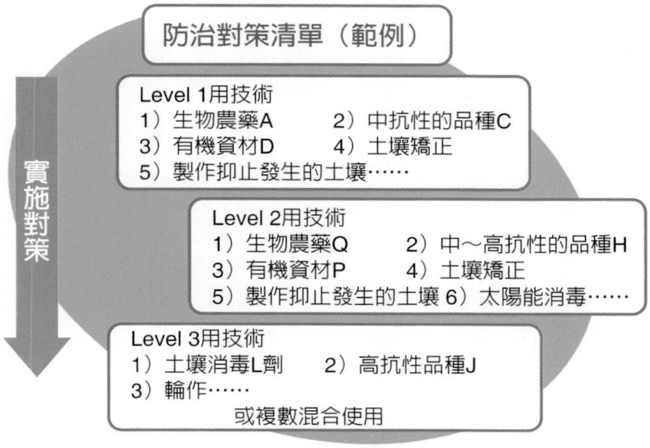
防治對策清單（範例）
實施對策
Level 1用技術
1）生物農藥A　2）中抗性的品種C
3）有機資材D　4）土壤矯正
5）製作抑止發生的土壤……
Level 2用技術
1）生物農藥Q　2）中～高抗性的品種H
3）有機資材P　4）土壤矯正
5）製作抑止發生的土壤 6）太陽能消毒……
Level 3用技術
1）土壤消毒L劑　2）高抗性品種J
3）輪作……
或複數混合使用

（資料：「降低土壤消毒劑的HeSoDiM指南」農業環境技術研究所）

已公開的HeSoDiM指南（案例）

指南名稱	刊載案例
「降低土壤消毒劑的HeSoDiM指南」 （2016年2月） 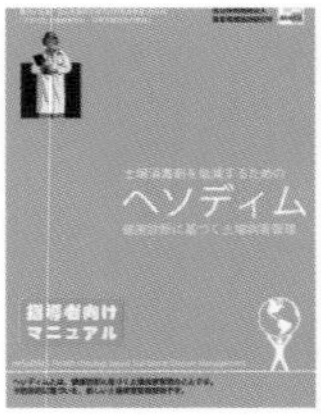ヘソディム 指導者向け マニュアル	・高知縣薑軟腐病的HeSoDiM ・長崎縣薑軟腐病的HeSoDiM ・高麗菜半身萎凋病的HeSoDiM ・茨城縣青蔥黑腐病的HeSoDiM ・靜岡縣青蔥黑腐病的HeSoDiM ・芹菜黃葉病的HeSoDiM ・白菜黃葉病的HeSoDiM ・兵庫縣萵苣巨脈病毒病的HeSoDiM ・兵庫縣菌核病的HeSoDiM ・香川縣萵苣巨脈病毒病的HeSoDiM ・香川縣菌核病的HeSoDiM ・草莓炭疽病HeSoDiM ・草莓萎黃病的HeSoDiM ・馬鈴薯瘡痂病菌的HeSoDiM
「次世代土壤病害診斷指南」 （2013年2月） 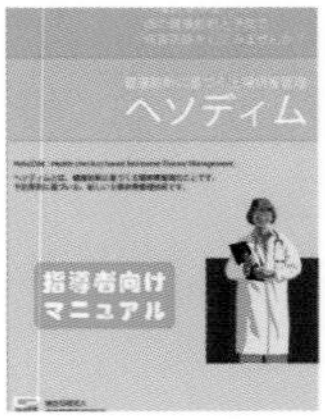ヘソディム 指導者向け マニュアル	・番茄青枯病（兵庫縣案例） ・薑軟腐病（高知縣案例） ・萵苣軟腐病（長野縣案例） ・大豆疫病（富山縣案例） ・十字花科蔬菜根瘤病 （近畿中國四國農業研究中心案例） ・青花菜根瘤病（香川縣案例） ・甘藍根瘤病（三重縣案例）

＊兩冊指南由農業環境技術研究所（現為農研機構，農業環境變動研究中心）編寫。兩者皆可在農業環境變化研究中心的網站（http://www.naro.affrc.go.jp/laboratory/niaes/contents/manuals.html）下載。

十字花科根瘤病的綜合防治

根瘤病與其測定

十字花科根瘤病是一種名為蕓苔根腫菌的菌類寄生在十字花科植物的根部，而引起地上部位枯死的土壤病害。即使在惡劣的環境中，也會以休眠孢子的形態停留在土壤中，最久可長達20年，當農作物感染後，很快便會蔓延到整個旱田，使其成為難以防治的土壤病害之一。為了防治根瘤病，需要測量土壤中所含休眠孢子的密度，過往以利用螢光顯微鏡分析土壤懸浮液的方法最為常見，由於程序複雜且檢測精度低，近年來使用PCR法等基因診斷技術的方法迅速普及。

化學性改良以防止擴大傳播

根瘤菌易發生於酸性土壤中，已知將pH提高到7.2以上時能有效抑制。因此，透過添加一般的石灰資材來調整pH等，會有效果持久性與缺乏微量元素等問題。於是，近年來轉爐渣（以煉鐵廠利用生鐵轉爐煉鋼的副產品材料，以鐵礦石、石灰石、煤焦為原料）被廣泛用於改良酸度。

物理性的改良

在土壤溼度高的環境中，會促進蕓苔根腫菌的休眠孢子萌發，使游走子更容易在土壤中移動。為防止感染，應創造排水良好的旱田。增高田畦，投入腐葉土、蛭石等土壤改良劑，製作排水良好的土壤等非常重要。

耕作防治（不使用藥劑的防治法）

【誘餌植物】 根瘤菌僅影響十字花科植物，但葉蘿蔔與燕麥等不受影響。將可透過根部吸收土壤中休眠孢子以抑制菌密度的蘿蔔類進行輪作，並將其細根等殘留物耕入土壤中，可達抑制的效果（如下頁下方圖表）。

【具抗性品種】 市售有許多白菜與高麗菜等容易發生根瘤病作物的具抗性品種。這些作物經過改良，使其根部具有和蘿蔔類相同的吸收孢子功能，但若持續栽種，致病性又會再度復發。

不論耕作防治或調整pH的化學性改良，都不是根本解決辦法，因此需要包含使用藥劑在內的綜合防治對策。

根瘤病的診斷與防治

已公開的HeSoDiM指南（案例）

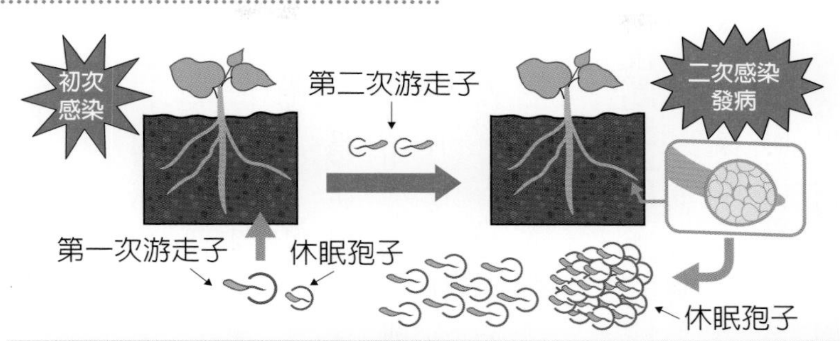

休眠孢子發芽並成為第一次游走子附著在根部……初次感染
從初次感染株釋放第二次游走子，附著在根部、增殖……二次感染（發病）

（資料：「綠花椰菜根瘤病對策指針」吉野川農業支援中心）

十字花科根瘤病的栽種防治措施

病原菌特徵	栽種防治措施
◆ 僅會在綠花椰菜、高麗菜、白菜等十字花科蔬菜發病 ◆ 喜好酸性土壤，在pH 6.0以下的土壤中最容易發生 ◆ 休眠孢子發芽最適溫為18～25˚C ◆ 發芽的休眠孢子在土壤水分中游動，擴散到田區	◆ 實行3年以上間歇輪作 ◆ 善用轉爐渣與苦土石灰＋微量元素 〔土壤pH 7.2以上的鹼性土壤能抑制發病（pH 8.0以上不會發病）〕 ◆ 避免在沼澤地栽種，改善排水 ◆ 栽種葉蘿蔔等誘餌作物 ◆ 善用具抗性品種

〔資料：「新版　土壤診斷及作物生長改善」（一財）日本土壤協會〕

誘餌植物的作用

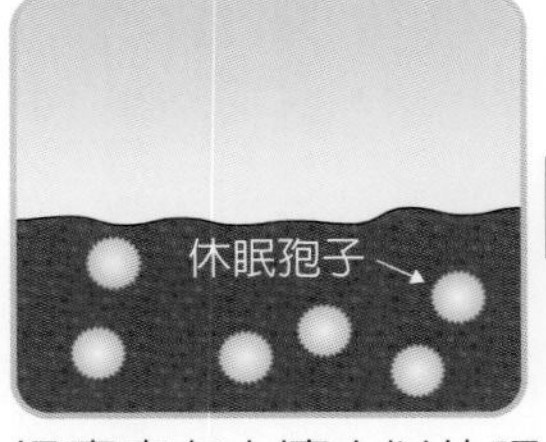

根瘤病在土壤中以休眠孢子狀態存在。休眠孢子的壽命超過10年

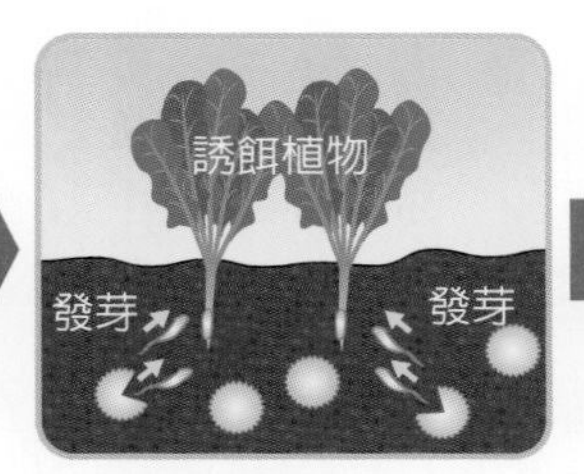

栽植誘餌植物後，休眠孢子會醒來釋放游走子。誘餌植物的根部會感染，但不會發病

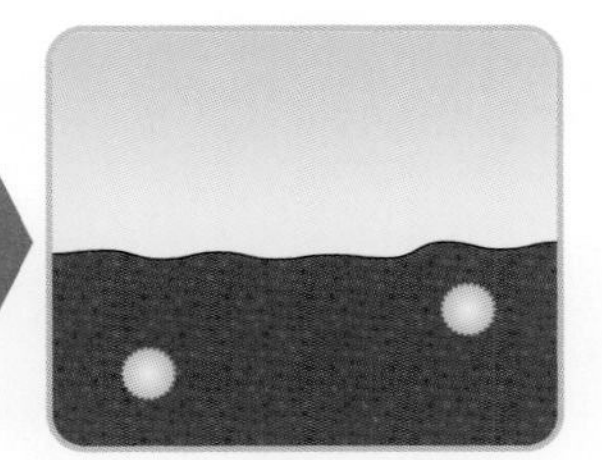

結果，細菌密度降低。剩餘的孢子以休眠孢子的狀態留在土壤中

（資料：日產化學Argo net）

有害線蟲的診斷

植物寄生性線蟲引起的病害

線蟲、蛔蟲、蟯蟲等人類寄生蟲同屬於線形動物門的生物，大多是0.5～2mm大小，肉眼難以分辨。多數以細菌與絲狀眞菌爲食，過著非寄生的生活，但有一部分會寄生在農作物的根部並引起病害。這些稱爲植物寄生性線蟲，典型的例子包括寄生於根部形成腫瘤的根瘤線蟲、造成受害根部腐爛的根腐線蟲、蟲卵包在卵囊內，表皮形成卵殼保護蟲卵的胞囊線蟲等，皆對特定作物造成損害（如下頁表格）。爲了防治這些有害線蟲，應從旱田採集土壤分離線蟲，並對其種類與密度進行檢測。

近年來，有使用直接從土壤中萃取DNA來量化線蟲的PCR方法，既有也最典型的測量方法是利用線蟲泳動性，將其從土壤中分離出來的柏門氏漏斗分離法。

柏門氏漏斗分離法的概要

【採集土壤（採樣）】從要調查的田區中多處採集土壤。應避免受氣溫與乾燥影響的地表。採集的土壤樣品應存放在避免陽光直射、高溫、乾燥的地方。

【分離線蟲】將管材（橡膠、矽膠等）連接玻璃漏斗，並在下方連接玻璃管瓶。漏斗裝滿水至頂部，將土壤放入鋪上日本和紙或衛生紙的網篩後置於漏斗。覆以塑膠膜等，放置72小後，從玻璃管瓶中取出，以顯微鏡檢查（見下頁下方附圖）。

柏門氏漏斗分離法簡單又方便，可從根與葉進行分離，適用於泳動性較強的根瘤線蟲與根腐線蟲。另一方面，分離效率差的線蟲也較多，此外，無法分離卵與胞囊等泳動性處於較低階段的線蟲。

其他測定法

除了柏門氏漏斗分離法外，分離線蟲還有Fenwick法與離心懸浮法等其他多種方法，但分離胞囊一般最常使用網篩法。

網篩法雖然適合處理大量樣本，但存在分離費力與需要熟練測量技巧等問題，結果易因人而異。

有害線蟲的種類與檢測法

線蟲的種類與寄生植物

線蟲的種類	寄生植物	
根瘤線蟲	蔬菜	茄子、番茄、青椒、哈密瓜、小黃瓜、菠菜、紅蘿蔔、山藥等
	花草	菸草、紫菀、非洲菊、大理花、康乃馨、雞冠花、龍膽花、菊科等
	果樹	桃等
	樹木	柳、相思樹、南天竹等
根腐線蟲	蔬菜	草莓、白蘿蔔、胡蘿蔔、牛蒡、萵苣、馬鈴薯、蒟蒻、芋頭等
	草花	菊花、大理花、非洲菊、百合花、千日紅、紫花地丁、紫羅蘭、水仙、唐菖蒲等
	果樹	桃等
	景觀樹木	櫻花、玫瑰等
馬鈴薯胞囊線蟲	馬鈴薯、番茄等茄科	
大豆胞囊線蟲	黃豆、紅豆、四季豆	

（資料：「線蟲類的驅除、防治方法」AGRI PICK）

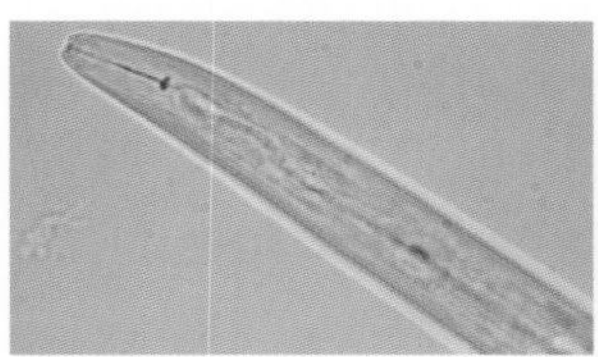

根瘤線蟲

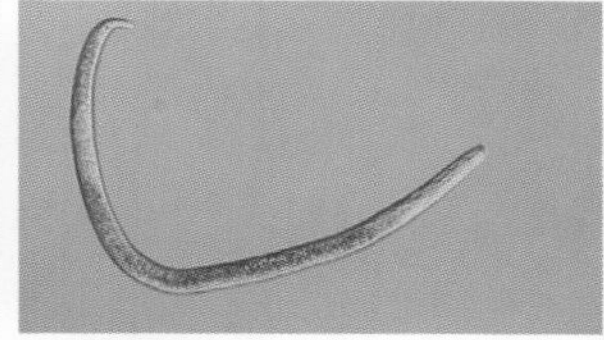

根腐線蟲

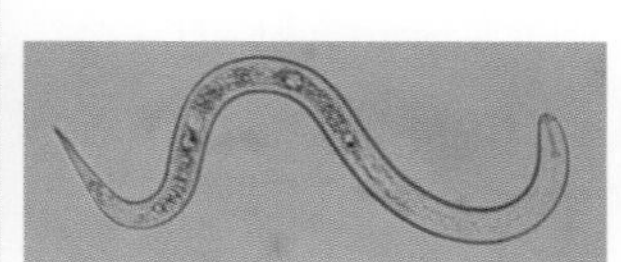

胞囊線蟲

柏門氏漏斗分離法：分離2期幼蟲

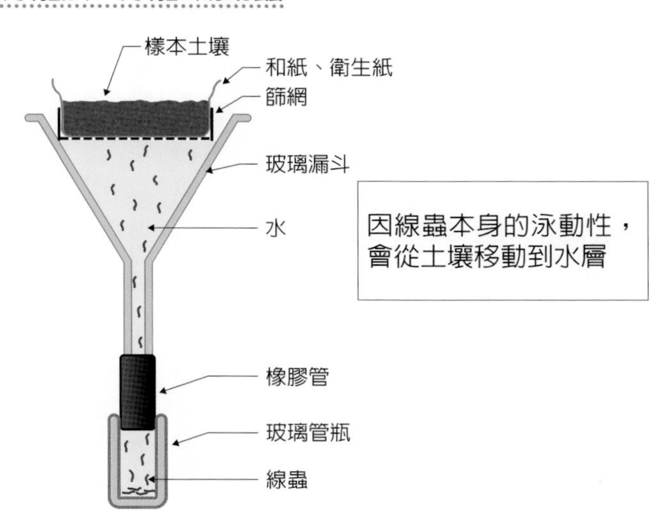

有害線蟲的耕作防治

寄生性線蟲的防治法

由於連作經常引發線蟲危害，以往鼓勵採用輪作作爲對策。另一方面，也廣泛應用藥劑，近年來，由於環境保全型農業的關注度越來越高，耕作防治法（利用農耕技術進行防治）的普及也備受期待。以下列舉代表性例子。

【拮抗植物】 在田間栽種具有降低線蟲密度作用的植物。亦包含有害線蟲無法寄生的作物（非寄主作物）。依線蟲種類具有效果的作物類型也不同（如下頁表格）。

【湛水與土壤還原】 採用輪作方式將旱田改爲水田，是傳統的線蟲防治方法之一。此外，作爲短時間內產生效果的方法有大量耕入米糠、麥麩等後暫時湛水，達成接近缺氧狀態來進行土壤還原消毒的方法。

【熱消毒】 線蟲暴露在60℃左右環境下，在幾分鐘內就會死亡。如利用夏季高溫的太陽能消毒、在田間噴灑高於70℃的熱水提高土壤溫度殺滅線蟲的熱水消毒、在土壤釋放120℃左右蒸氣的蒸氣消毒等。雖有設備規模大、燃料成本高、天氣寒冷時難以實施等缺點，但不影響作物本身的生長，而太陽能熱消毒還能透過耕入有機質與石灰氮來達到改善土壤的效果。

【生物農藥防治】 雖然種類不多，但已開發利用天敵細菌與線蟲捕食菌的生物農藥。至顯現效果需要時間長且成本高昂，但從農業轉型爲永續農業的趨勢來看，未來普及指日可待。

選擇防治法

若懷疑作物遭受線蟲危害，首先應確認是否眞爲線蟲病害並確定線蟲種類，採用線蟲分離法測量密度。各密度的對應關係如下（數值爲利用柏門氏漏斗分離法在每20g中的檢出量）。

[低]（～5）幾乎未有危害發生。使用拮抗植物與生物農藥。也可選擇不進行防治。

[中]（5～20）減產率10～30%。交互搭配使用拮抗植物、熱防治、土壤還原消毒等。

[高]（20～）減產率30%以上。胞囊線蟲達50%以上，若物理性防治無效，亦可選擇使用藥劑。

此外，從栽種環境來看，露天栽培以拮抗植物、溫室栽培以熱消毒與土壤還原消毒的效果佳。

有害線蟲的防治對策

有害線蟲防治法的選擇

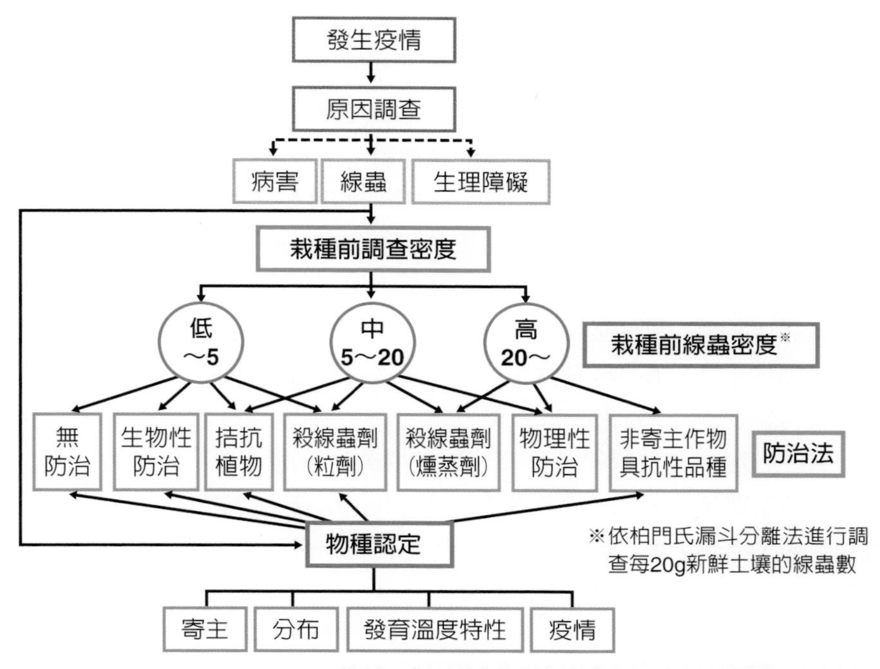

（資料：「有害線蟲綜合防除技術指南」九州沖繩農業研究中心）

拮抗植物一覽

線蟲種類	具效果的拮抗植物（主要產品名稱）
根瘤線蟲	・孔雀草（Petite yellow） ・細葉萬壽菊（African Thor） ・高粱（土太郎） ・蘇丹草（Nemaherasou） ・幾內亞草（夏風、Soil clean） ・太陽麻（Nemaking）
南方根腐線蟲	・孔雀草（Petite yellow）等
北方根腐線蟲	・細葉萬壽菊（African Thor） ・孔雀草（Petite yellow） ・野生燕麥（Hey oats） ・幾內亞草（夏風、Soil clean）
大豆胞囊線蟲	・太陽麻（Nemaking） ・四葉草（春風、紅花）
馬鈴薯胞囊線蟲	・番茄野生種（Potemon）

（資料：「線蟲類驅除、防治方法」AGRI PICK）

菌根菌的作用與未來

自然界中許多植物的根部皆被類似黴菌、稱爲菌根菌的菌類所寄生。菌根菌從植物中獲得糖等光合產物作爲營養，另一方面從穿透植物根圈蔓延的菌絲吸收水分以外，並吸收磷酸、氮等養分與礦物質再運輸至植物，建立了共生關係。近年來，化學肥料、化學農藥等來自農業的環境汙染不斷擴展，在摸索轉型降低環境負荷的栽種體系下，具有幫助吸收磷酸、其他微量元素與水分等植物生長所需多種物質的叢枝菌根菌（VA菌根菌／叢枝菌根菌），其機能受到注目。叢枝菌根菌可從植物的主要營養素中，促進土壤中移動性最差的磷酸吸收而廣爲人知，對於作物的耐乾性、耐溼性、耐病性、耐高／低溫等已被證明具有許多有益於增進農業的機能。因此，1996年在眾多微生物資材中，唯一獲得政令指定爲微生物資材，許多廠商將其製成農業資材來販售。

另一方面，叢枝菌根菌具有若無宿主植物供應養分，則無法生長的「絕對共生關係」，爲了增殖必須與植物共同培養。由於費工、高成本，且高單價，導致生產與普及速度緩慢，但純種培養技術不斷進步，將爲未來的進一步量產與普及開創康莊大道。

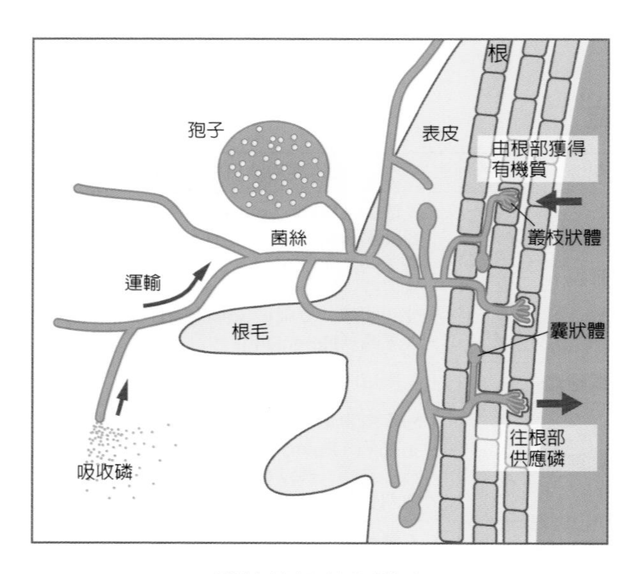

叢枝菌根菌的構造

（資料：西尾道德、森山義孝繪「微生物孕育森林」農文協）

第10章

依據土壤診斷改良施肥與土壤的案例

—案例1— 水田

水稻倒伏現象的對策與硫化氫的「可視化」

新潟縣自2006年起，隨著稻胡麻葉枯病的發生面積擴大，過去僅在特定好發田區中可見的穗枯愈趨頻繁，現在在一般水田亦見大範圍流行。

分享在稻胡麻葉枯病的發生地區，依照耕作防治法的對策進行評估的結果，以及導致倒伏現象的水田土壤中產生硫化氫的「可視化」技術。

依照耕作防治法應對水稻倒伏現象

爲了抑治稻胡麻葉枯病，重要的是要補充從土壤中溶脫的成分，提高保肥性，防止根部腐爛，使肥料成分能夠被吸收，確保水稻健康生長。

【水田老朽化】

變成水田之前的土壤，其表土富含鐵、矽酸與錳。作爲水田後，由於湛水造成土壤呈還原狀態，鐵、錳溶於水，變成容易移動的形態，從表土向下層流失。此外，從土壤礦物等溶出的矽酸也以同樣的方式從表土中流失。若經年累月重複這個過程，土壤就會呈現灰色，發生所謂的「水田老朽化」。觀察老朽化水田的土壤剖面，能看到表土呈灰色，而其下層土則集聚紅棕色的氧化鐵（照片1）。

【鐵、矽酸與錳的施用效果】

老朽化水田缺乏能減輕造成根部腐爛的原因物質，也就是能減輕硫化氫危害的鐵、增強稻株對病害蟲與天氣變化抵抗力的矽酸，以及減少硫化氫危害對光合作用很重要的錳。老朽化水田施用含有鐵、矽酸與錳的土壤改良肥料具有效果，對抑制伴隨倒伏發生的稻胡麻葉枯病，施用含錳的土壤改良肥料則有較高的施用效果。

照片1　老朽化水田的土壤剖面

【施用錳肥以增加收成與改良土壤】

新潟縣北部地區廣泛流行稻胡麻葉枯病的田區，屬於砂質且土壤中鐵、矽酸含量低的典型老朽化水田。2010年在錳肥區與雙倍錳肥區均施用40kg／10a含30％檸檬酸溶性錳的肥料，2011年錳肥區40kg／10a，雙倍錳肥區則施用80kg／10a。

從2009年耕種前與2010年耕種前的土壤中游離氧化鐵、有效性矽酸與易還原性錳的變化來看，游離氧化鐵與有效性矽酸未有變化，易還原性錳則伴隨施用錳肥而增加。以40kg／10a施用含有30％檸檬酸溶性錳的肥料時，1年增加10～20ppm，施用80kg／10a時，則1年增加40ppm（圖1）。測量收成期的稻株成分，因施用含錳的資材，增加稻穗中的含鐵量，但在矽酸中並沒有觀察到差異。錳在稻穗未見含量增加，但莖葉中的錳含量卻明顯增加（圖2）。由此可見將收割後的稻草還原至土壤中（耕入土中），能維持土壤中錳供應力的可能性。

從收成時的稻株與收成量來看（表1），施用錳肥的生葉數增加。此外，雖然在罹病穗率方面沒有觀察到差異，但施用錳肥降低了稻穗的罹病率。顯示水稻的葉片一直存活到收割階段，向穀粒供應光合產物，使稻株變得更強壯，不易罹染稻胡麻葉枯病。

糙米收成量因施用錳肥增產20％以上。增產的主因是糙米率與千粒重的增加。從糙米的粒厚分布來看，未

圖1　土壤中的游離氧化鐵、有效性矽酸、易還原性錳的推移（2010～2011年）

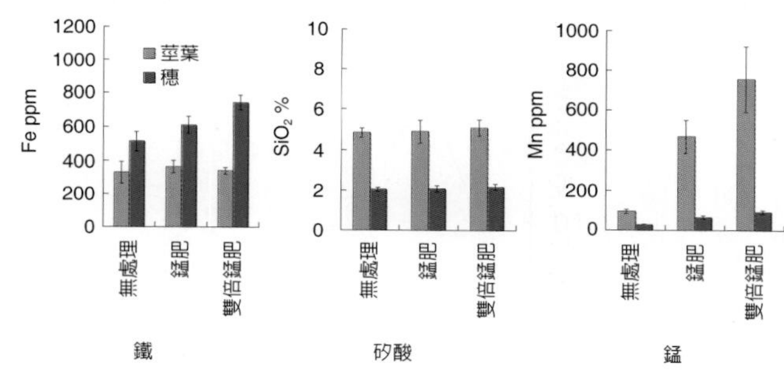

圖2　收成時莖葉與穗中的鐵、矽酸、錳的含量（2010年）

表1　收成期生葉數、水稻胡麻葉枯病的發病程度與收成量比較（2010年）

試驗區	生葉數	罹病穗率 (%)	穗發病度	糙米重 ($kg10a^{-1}$)	同左比 (%)	糙米率 (%)	千粒重 (g)
錳肥	18	963	854	621	124	950	225
雙倍錳肥	19	959	788	616	123	960	227
無處理	07	972	953	499	(100)	887	222

注1：由於葉片與穗的罹病株率皆為100%，故省略說明。
注2：由於整體許多止葉已經枯萎，所以無法測量止葉病斑的數量。

處理區域的粒厚高峰值為2.0mm，但施用錳肥區域的高峰值則變為2.1mm（圖3）。因此，顯示收成期的生葉數增加有助於改善稻米飽滿度。

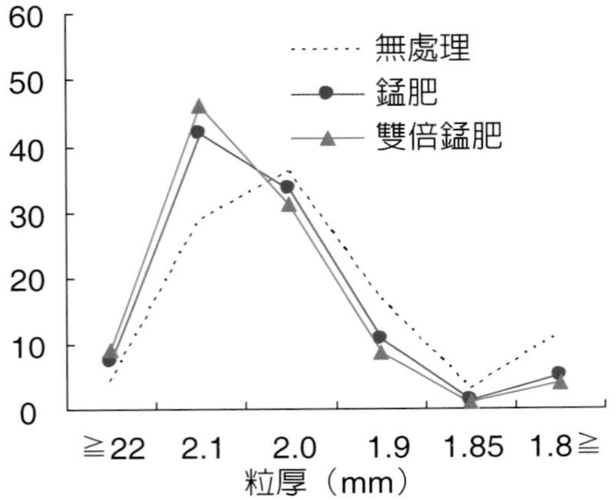

硫化氫的可視化

水田土壤中產生的硫化氫（H_2S）會抑制水稻初期生長，加速成熟期的倒伏與伴隨而來的稻胡麻葉枯病。然而，由於水田土壤中的H_2S測量較為複雜，尚未普及，難以掌握水田中實際產生了多少硫化氫。

【開發用於水田土壤的硫化氫檢測儀】

H_2S的「可視化」應用金屬加工業使用的「燻銀」技術。將純銀板浸泡在已知濃度的硫化鈉水溶液裡一定時間後，隨著H_2S濃度顏色轉成黃色＜棕色＜藍色＜黑色，顯示測量H_2S濃度的可行性（照片2）。純銀板不僅價格昂貴，且質地軟，難以插入土壤中，因此使用寬2cm、長18cm、厚1mm的不鏽鋼板（SUS304），在鍍鎳後再電鍍2μm厚的鍍銀板進行測量〔目前，以價格更便宜且安全性更高的鍍鋁板（A1050P）作為電鍍板使用〕。

將鍍銀板直接插入水田土壤中，依據銀與土壤中H_2S反應產生的硫化銀變色程度來測量H_2S產生量的技術，取得「用於水田土壤的硫化氫檢測裝置與水田硫化氫產生情況確認法」（專利第6507352號）。

【水田硫化氫的產生與土壤化學性】

2017年在新潟縣內外32處水田中，在水稻成熟期間，將鍍銀板插入水田土中約1週，依鍍銀板的變色程度分為非常（表土整體明顯變色）、大（表土上層明顯變色）、中（表土內部輕微變色）、小（變色不明顯）、4個等級（照片3）。此外，從插入鍍銀板的水田中採集土壤，分析風乾細土的總碳、總氮、游離氧化鐵與可氧化硫（H_2O_2分解—離子層析法）。

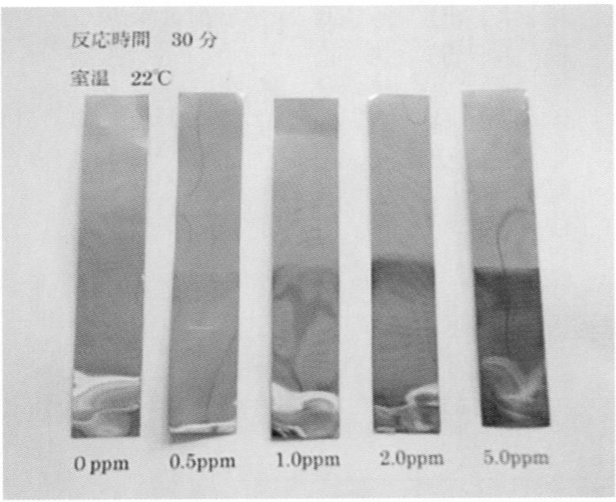

圖3　錳對糙米粒厚分布的影響

照片2　不同硫化氫濃度的純銀板硫化

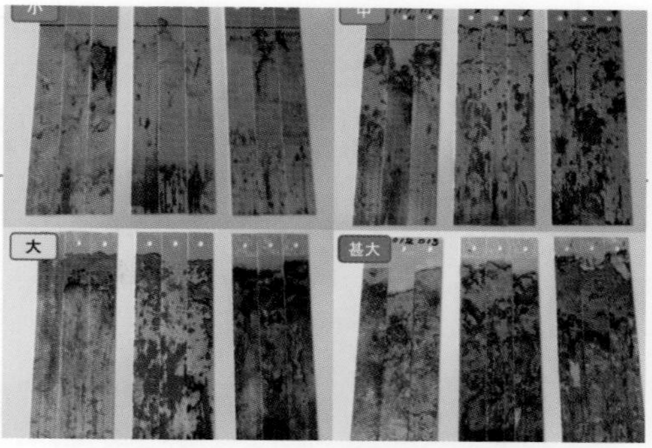

照片3　依變色程度分類的鍍銀板

試驗土壤的總碳含量為5．1～1．3%，總氮含量為0．42～0．12%，游離氧化鐵含量為5．3～0．6%，可氧化硫含量為830～150S ppm。調查鍍銀板的變色程度與土壤化學性關聯性的結果，未發現土壤pH與總碳、氮之間存在關聯性。至目前為止的報告中，Fe／S的莫耳比被用作為硫化氫產生程度的指標（後藤：2007），但游離氧化鐵與過氧化硫的質量莫耳濃度差異（Fe-Smol kg^{-1}乾土）能更加清楚地解釋硫化氫的產生程度。此外，雖然未觀察到可氧化硫與變色程度之間存在關聯性，但游離氧化鐵與過氧化硫之間的質量莫耳濃度差異隨著游離氧化鐵的增加而變大，表明兩者之間存在高度正相關（圖4）。這表示將產生的硫化氫（H_2S）轉化為無害硫化鐵（FeS）的鐵含量越高，即土壤將H_2S無害化的能力越高，影響水稻的游離硫化氫濃度將下降。

像這樣把鍍銀板插入田面的土壤中，就能從變色程度目測水田土壤中H_2S的生成量。此外，使用過的變色鍍銀板，如同銀飾可用鹽（小蘇打粉、食鹽）與鋁箔紙在沸水中煮沸，需留意產生的H_2S氣體，即可再次使用。因此，不僅推廣指導員與農場經營指導員，甚至生產者自身都可以診斷水田中生成的硫化氫，並將其用作把水田裡的水排乾、田面更換新水與使用含鐵資材改良土壤等的指標。

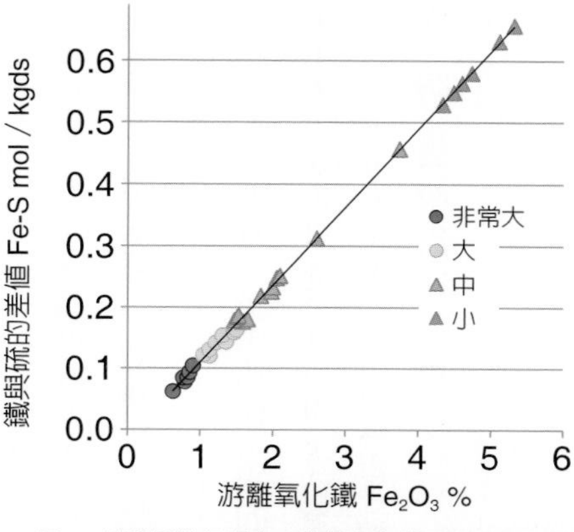

圖4　鍍銀板變色程度、游離氧化鐵及游離氧化鐵與過氧化硫的質量莫耳濃度差之關連性

（土壤環境改良及環保農業2019年4月／5月號「有關近期水稻倒伏現象增加的對應及硫化氫的『可視化』」，白鳥豐重新編輯）

—案例2— 露天蔬菜田

依土壤診斷改善胡蘿蔔的施肥、生長

位於北海道中央的美瑛町，當地生產者面臨胡蘿蔔收成量無法增加的問題。在此介紹依據土壤診斷的結果改良土壤與施肥的例子。

土壤診斷

診斷面臨收成量問題的生產者旱田後，得到如表1的結果。

從診斷結果來看，該問題旱田的CEC值低，與鉀的含量相比，石灰（鈣）與苦土（鎂）的含量低。雖然CEC低，但鹽基飽和度也低，表示該旱田整體缺乏養分（表1）。

改良土壤

【改善保肥性】

生產者表示這塊旱田是屬於輕微砂質的土壤，在生長後期會肥分不足。診斷結果顯示CEC低至7．2me／100g，熱萃取氮也低至3．0mg／100g，爲了提高保肥性／保水性，建議投入政府指定的土壤改良材料Tenpolon。Tenpolon是以北海道佐呂別原野的草炭爲原料，在高溫高壓下將石灰中和作用後的有機質土壤改良材料。CEC爲102me／100g，有機質中的腐植酸含量爲37．99％，公認具有改善土壤保肥性、形成團粒結構、防止磷酸不溶化等效果。

表 1　土壤診斷結果表

1. 受理資訊

市町村名	地區名稱	所屬農協		農民代碼	農民姓名	電話號碼
					K法人	
採收年月日	農田代號	面積（ha）	土壤種類	土質	腐植質	
	5		低地土	L壤土	豐富	
前期作物	預計作物		栽種型態		備註	
胡蘿蔔	胡蘿蔔		春天播種			

2. 分析結果 (1)

分析項目	分析值	標準值	目標值	
pH（H_2O）	5.4	6.0～6.5	6	
有效磷	49	15～30	15	(mg / 100g)
交換性鈣	101	100～180		(mg / 100g)
交換性鎂	19.7	20～30	25	(mg / 100g)
交換性鉀	25.1	15～25		(mg / 100g)
EC	0.04	～0.40		(mS / cm)
熱萃取氮	3.00			(mg / 100g)
CEC	7.2			(me / 100g)
石灰飽和度	49.9	40～60		(%)
鎂飽和度	13.6			(%)
鉀飽和度	7.4			(%)
鹽基飽和度	70.8	60～80		(%)
鈣 / 鎂比	3.7	4～8		
鎂 / 鉀比	1.8	2～		
磷酸吸收係數	226			

腐植質的量相當於一般堆肥的20倍，所以若以Tempolon標準每10a施肥量100kg來計算，則堆肥用量爲2噸。考慮到成本，不是整場施用Tempolon而是以每10a施用60kg於田畦內，並整場施用3噸高品質的完熟堆肥。

【改善pH、鹽基飽和度、鈣/鎂比與鎂/鉀比】

爲了將pH從5.4提高到6.0，從阿瑞尼斯方程式中得到所需要的碳酸鈣量，將鎂鈣肥的施用量設爲150kg。由於含有45%石灰與8%碳酸鎂，因此施用67.5kg（2.8meq）的石灰與12kg（0.6mg/100g）的鎂。

由於鎂/鉀比（1.04/0.53=1.96）仍然略低，施用70kg/10a（MgO 16% 11.2mg/100g 0.56meq）的硫酸鎂。

採用上述改善措施，提高石灰飽和度至（6.4/7.2×100）88.8%，鎂飽和度至（1.6/7.2×100）22.2%，鉀飽和度至（0.53/7.2×100）7.4%，鹽基飽和度至〔（6.4+1.6+0.53）/7.2×100〕118.5%，鈣/鎂比至4，鎂/鉀比至3。

評估肥料成分

慣行使用肥料爲含硝酸鹽的S076（10-17-16），其中含有3.0%的硝酸態氮。每10a施肥130kg。成分量爲N=13kg、P=22kg與K=20kg。

作爲評估肥料成分的材料，考慮到砂質土壤與胡蘿蔔在生長後期無法肥大發育的事實，評估施用緩效性肥料。

緩效性肥料的草醯胺是由氧氣、胺與一氧化碳所合成的微生物分解型緩效性氮肥，幾乎不溶於水，在土壤中被微生物緩緩分解，釋放出胺。剩下的成分是有機酸，這種有機酸最終也會被分解成水、氧氣與二氧化碳氣體，並被作物有效利用，因此也不會破壞土壤。由於這些特性，向根部供應氧氣增加根部數量，提高根部活力，促進光合作用能力，調節土壤的微生物環境，有機酸具有增強磷酸施肥效果的作用。

肥料成分爲N=8%（其中銨態氮6.5%，草醯胺1.5%），磷酸=18%，鉀=8%，鎂=2%，施肥量爲125kg/10a，氮成分爲10kg，較慣行少施用3kg氮肥。

結果

播種日爲5月20日，收成日爲8月8日。

表2 胡蘿蔔收成量調查

30根	草長	根長	根徑	根重
試驗區	48.3cm	20.0cm	40.7cm	137.1g
慣行區	45.6cm	20.2cm	37.7cm	116.0g
差值	＋2.6cm	−0.2cm	＋3.0cm	＋21.1g

規格	試驗區	慣行區	差值
畸形	0g	437g	−437g
SS～S	972g	1330g	−358g
M	1228g	1542g	−314g
L	928g	172g	＋756g
LL	466g	0g	＋466g
合計	3594g	3481g	＋113g

收成量調查從試驗區與慣行區的一區塊10根，重複3次取樣30根，調查草長、根長、根徑與根重。此外，還調查各規格的比率。結果如表2所示。

從上面的收成量調查結果來看，慣行區的根長稍長，試驗區的根徑較慣行區粗3㎝，重量也多21g，說明胡蘿蔔根粗壯、重量重。此外，各規格的調查中，試驗區僅比慣行區重量多重113g，但M尺寸以下與畸形少1109g，能增加收入的L至LL尺寸收成量也多了1222g。

從收成量調查來看，慣行區受到硝酸態氮的影響，初期生長良好，主根直且伸展良好，但由於後來土壤的肥力下降與肥料短缺的影響，根部肥厚狀況不理想。另一方面，在進行土壤改良與改善施肥的試驗區中，由於土壤肥力提高與緩效性草醯胺的作用，使施肥效果持續到生長後期，對增加根重與尺寸大小帶來很好的效果。

此外，試驗區的胡蘿蔔根部少有黑斑，外表乾淨。這是草醯胺在分解過程中的供氧作用與調節微生物環境作用的結果，是草醯胺的特性。

（土壤環境改良及環保農業2018年4月／5月號「依土壤診斷改善胡蘿蔔的施肥、生長」，松田雅映重新編輯）

—案例3— 溫室蔬菜田

以土壤診斷改善溫室蔬菜類的生長

介紹2018年位於岐阜縣西部的神戶町利用土壤診斷解決小松菜等主要葉菜類生長障礙的案例研究。

生長不良與土壤診斷

【小松菜的生長不均】

許多生產者在4～5月發現問題。生長不均區塊的發芽與伸展不佳，葉色也較濃。土壤出現乾硬有裂痕的情況（照片1與2）。土壤診斷結果與健康的區塊相比，EC與鹽基飽和度高，無機氮呈過多現象（表1）。原因是上方的水量噴灑不均，未噴灑到水的區塊因為連續栽種的關係，導致肥料濃度逐漸增高。指導勿將水量噴灑不均，生長狀況獲得改善。指導下次栽種時，在生長不均區塊不施用肥料、修繕灑水設備、以深耕方式稀釋肥料濃度、以粗粒有機質、植物性堆肥與綠肥改善土壤的化學性、物理性。

照片1　溫室內生長參差不齊（1）

表1　　分析機關：（株）日本肥糧

	pH (H₂O)	EC (ms/cm)	無機態氮 (mg/100g)	有效磷 (mg/100g)	腐植質 (%)	CEC (me)	交換性鹽基 (mg/100g)			飽和度（%）				鈣／鎂比	鎂／鉀比
							鈣	鎂	鉀	鈣	鎂	鉀	鹽基		
生產者A（不良）	6.7	1.4	38.0	656	2.5	28.4	1068	180	60	134	32	4	170	4.2	7.1
生產者B（不良）	6.5	1.4	36.6	526	1.5	20.0	716	105	77	128	26	8	163	4.9	3.2
生產者C（良好）	6.7	0.4	13.0	379	1.5	13.9	337	61	19	86	22	3	111	3.9	7.5
生產者D（良好）	6.9	0.4	4.0	482	2.5	25.1	706	95	44	100	19	4	123	5.3	5.1

【小松菜的白化、捲葉（葉片反翹）】

2017年搭建溫室，開始栽種小松菜的事例。第1期栽種雖未發生問題，但作為雜草對策，第2期開始栽種前，進行土壤消毒（BASAMID微粒劑）後，每次栽種皆出現生長不良、葉色濃、下層葉片的葉緣白化、上層葉片有反翹等生長障礙（照片3）。

從設施的出入口到場中央發現許多損害情況（照片4）。向鄰近的生產者與相關機構諮詢也未

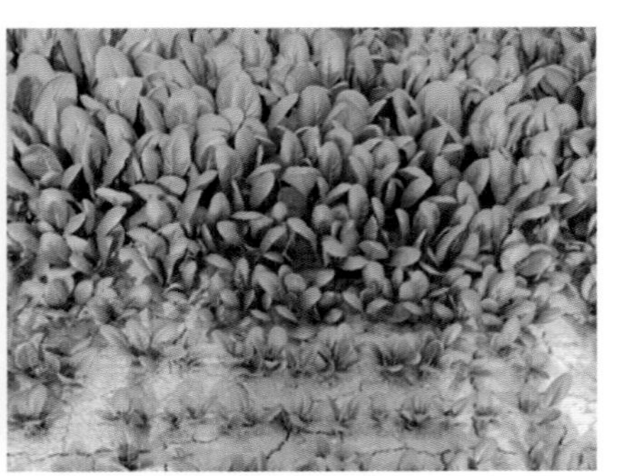
照片2　設施內生長參差不齊（2）

照片3　上層葉片反翹

照片4　設施中央生長不良

獲得解決。接到諮詢的6月也發生了損害情況。生產者過去曾透過JA向分析機構委託對生長不良區域與生長良好區域的土壤進行土壤分析（表2）。依據結果、症狀與文獻（兵庫縣農試），可推斷出低pH與錳過量（土壤消毒後頻繁發生）的可能性很高。此外，由於設施中央部位受損害情況較多，推測上方灑水不均勻，造成高EC（高硝酸態氮）導致低pH。與生產者溝通後，將土壤灌水淋洗硝酸態氮，添加消石灰（100kg／10a）提高pH，並調整石灰（鈣）／鎂的比例。其結果，自下期作起損害情況大幅減少。

【小松菜葉片萎縮，從下層葉開始變黃】

6月接到諮詢。在設施內零星發生，據說該田區每年都在這個時期發生相同現象。由於已

表2

分析機關：（一社）岐阜綠色農業研究中心

	土質	pH（H_2O）	EC（ms/cm）	有效磷（mg/100g）	CEC（me）	交換性鹽基（mg/100g）			飽和度（%）				鈣／鎂比	鎂／鉀比
						鈣	鎂	鉀	鈣	鎂	鉀	鹽基		
生長不良區域	灰色低地土	5.3	0.6	71	10.3	160	54	51	56	26	11	92	2.1	2.5
生長良好區域	灰色低地土	5.8	0.3	58	10.7	165	57	32	55	27	6	88	2.1	4.2

收成，故只能確認生產者拍攝的生長障礙照片（照片5）。此外，也曾經委託肥料供應商就生長不良區域進行土壤診斷，所以分析了其結果（表3）。

依據土壤診斷結果，雖然缺乏交換性鉀也是一個問題，但從症狀來看，推測高pH可能抑制硼的吸收。由於設施內有生長不均的情況，應為灑水不均勻影響施肥的濃度。多於春季發生，腐植質含量低，應配合深耕與粗大有機質來改善土壤物理性。

與生產者溝通後，同意施用硫酸鉀60kg／10a＋腐植質土壤改良劑「haihumintokugo B」（pH5．0）500kg／10a。採取對策後，未觀察到葉片萎縮與發黃，情況皆獲得改善。

照片5　葉片的萎縮症狀

表3

分析機關：（一社）岐阜綠色農業研究中心

pH（H_2O）	EC（ms/cm）	硝酸態氮（mg/100g）	有效磷（mg/100g）	腐植質（%）	CEC（me）	交換性鹽基（mg/100g）			飽和度（%）				鈣／鎂比	鎂／鉀比
						鈣	鎂	鉀	鈣	鎂	鉀	鹽基		
7.2	0.3	4.0	341	1.9	17.8	381	75	17	76	21	2	99	3.6	10.3

照片6　葉緣白斑（發生初期）

照片7　葉緣枯萎（發生後期）

【小松菜葉緣白斑】

7月接到諮詢，收成期於設施確認到此一情形。多位生產者也出現了疫情。最初，在下層葉的葉緣發現模糊的白色斑點。損害逐漸擴大，也有部分葉緣漸漸枯萎（照片6與7）。

從症狀與文獻（兵庫縣農試）等推斷應是缺乏鉀，進行了土壤診斷。結果發現鉀飽和度相當低，可判斷爲鹽基失衡（表4）。

另外，該產區的鉀資材長期使用矽酸鉀（可溶性），施用後交換性鉀增加，預估下期作無法立即適應。因此，改用硫酸鉀（水溶性）後，實施該對策的生產者在下期作並未出現任何損害。

表4

分析機關：（株）日本肥糧

pH（H_2O）	EC（ms/cm）	硝酸態氮（mg/100g）	有效磷（mg/100g）	腐植質（%）	CEC（me）	交換性鹽基（mg/100g）			飽和度（%）				鈣／鎂比	鎂／鉀比
						鈣	鎂	鉀	鈣	鎂	鉀	鹽基		
6.5	0.6	12.6	404	2.0	27.6	739	108	18	96	20	1	117	4.9	14.2

【小松菜子葉黃化】

8月接獲諮詢並確認了損害情況。在生長初期時，拔出菜苗後，可發現根部變爲褐色，但未發現病原菌（照片8、9）。簡易土壤診斷的結果，發現生長不良區域EC相當低（表5）。

此外，向生產者確認後，發現投入了大量的未熟成（觸摸時能感覺到熱度）牛糞堆肥（8t／10a）後立即播種。

損害發生區域與投入堆肥較多的溫室中央和入口處一致，應爲堆肥分解導致高溫障礙與缺氮。此外，也提醒生產者應避免與堆肥同時施用消石灰（鹼性）和硫酸銨（酸性）。

照片9　根部褐變

照片8　子葉黃化

表5

分析機關：西濃農林事務所

	pH（H_2O）	EC（ms/cm）
生長不良區域	6.55	0.07
生長良好區域	5.90	0.37

【青蔥葉尖枯萎】

6月接獲諮詢。生產者是該地區新設立的農業生產法人。第一期作生長勢良好，但第二期作後，持續存在葉尖枯萎症狀（照片10與11）。病害試驗檢定出Alternaria菌，但引起青蔥葉尖枯萎的主要原因從土壤化學性來看，是低pH造成的硼過多或低pH、石灰含量不足、氮過多（拮抗作用）等引起的缺鈣（TAKII種苗ＨＰ）。土壤診斷結果（表6）顯示EC非常高，且pH相當低。推測這是過度施肥（硝酸態氮）所造成，因此透過灌水淋洗硝酸態氮，用苦土石灰（１００kg／10a）校正pH，並減少基肥（氮）用量後，下期作未觀察到損害。

照片10　田區中央生長不良

照片11　青蔥的葉尖枯萎症狀

（土壤環境改良及環保農業２０１９年２月／３月號「利用土壤診斷改善設施的葉菜類生長」，市原知幸　重新編輯）

表6

分析機關：（一社）岐阜綠色農業研究中心

	pH (H_2O)	EC (ms/cm)	無機態氮 (mg/100g)	有效磷 (mg/100g)	腐植質 (%)	CEC (me)	交換性鹽基（mg/100g）			飽和度（%）				鈣／鎂比	鎂／鉀比
							鈣	鎂	鉀	鈣	鎂	鉀	鹽基		
生長不良田區A	4.6	0.8	–	44	-	11.5	193	40	29	60	17	5	83	3.5	3.2
生長不良田區B	4.8	0.6	21.4	129	2.0	17.2	206	77	50	43	22	6	71	1.9	3.6

如何委託土壤診斷？

需要委託專業機構進行準確的土壤診斷，但很多人不知道應該委託哪個機關與如何委託。

如果沒有頭緒的話，請嘗試在搜尋網站搜尋「土壤診斷」。從搜尋結果會顯示各式各樣進行「土壤診斷」機構的網頁。查看網頁內容，能了解各機構土壤診斷的特徵與分析的內容、項目等，不妨比較看看。

委託土壤診斷時，事先透過電子郵件或表單諮詢想要診斷的內容以及遇到的問題非常重要。雖用「土壤診斷」來概括，但其實包括肥料含量等化學性診斷，檢查土壤硬度與排水的物理性診斷，以及檢查微生物環境的生物性診斷。現面臨的煩惱是應該如何診斷，部分項目可能需要費用，可進行諮詢尋求協助。若是初次委託，對方也應會說明如何採取土壤樣本進行診斷與寄送方法等。

下面介紹具代表性的土壤分析機構網站。

第11章 全國主要土壤類型

※本章照片與資料由國立研究開發法人農業・食品產業技術總合研究機構提供

全國主要土壤類型：①有機質土

由溼地的溼生植物殘骸厚厚地堆積而成的土壤

有機質土是因水分過多導致溼生植物殘骸無法分解厚厚地堆積而成的土壤，主要分布於沖積地、海岸砂丘的後背溼地、山谷、高山等溼地。母質是由溼生植物殘骸組成的泥炭，有時下層由無機質組成。堆積方式屬於聚積。泥炭是溼地裡茂盛的植物殘骸堆積在水面下，因無法完全分解而泥炭化，並進一步堆積後，於水面下形成堆積層，1年形成的土層厚度約為1mm。

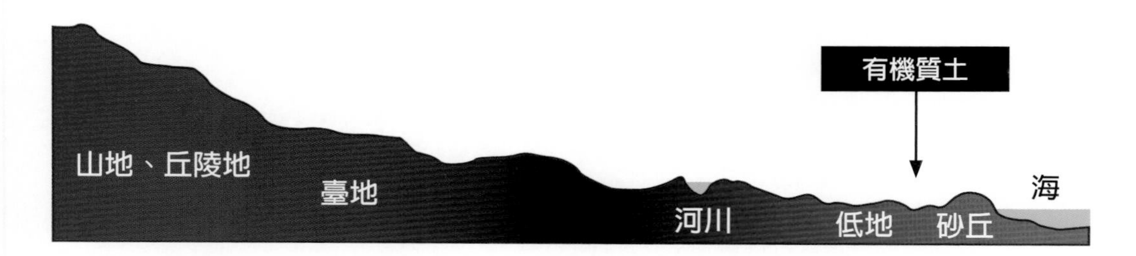

高位泥炭土亞群的土壤剖面與有機質土分布廣泛的釧路溼原

有機質土的分布情況

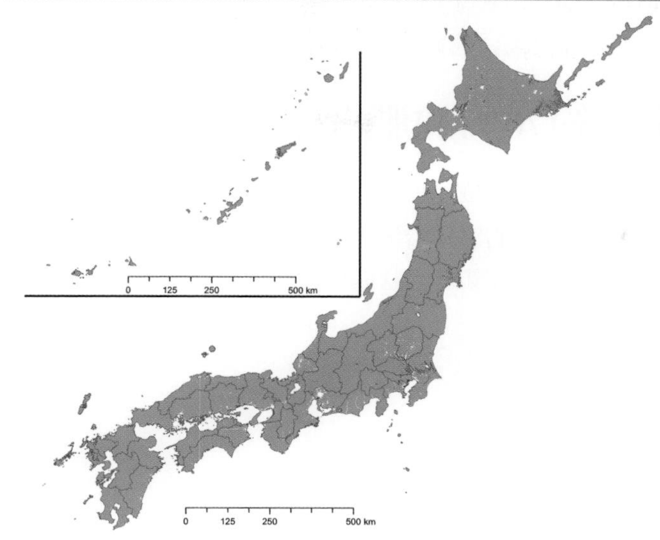

地目種類的分布面積（×1000ha）

	2010年
水田	125
一般旱田	17
牧草地	40
果樹地	0.4
全部耕地	182

有機質土主要分布在北海道與東北地區，分布面積占日本國土約1%。大多形成於天然堤與砂丘等後背溼地，以及山麓與山間的低地等排水不良的窪地。在北海道主要作爲水田與牧草地，在本州主要作爲水田使用。此外，有機質土的土壤群僅有泥炭土，分爲4種亞群。

有機質土的分類

泥炭土依據泥炭物質的腐爛狀態與泥炭堆積環境的不同，分為以下4種土壤亞群。

高位泥炭土：泥炭蘚屬、高鞘薹草、蔓狀苔莓、刺子莞屬與芝菜科組合比例最高的泥炭物質組成的泥炭土。

中位泥炭土：沼茅、白毛羊鬍子草、香楊梅與日本雲杉組合比例最高的泥炭物質組成的泥炭土。

低位泥炭土：由高位泥炭物質、中位泥炭物質以外的泥炭物質所組成的泥炭土。

腐朽質泥炭土：土壤表面至50cm深處由泥炭物質組成的土層中，腐朽質泥炭物質所含比例最高的泥炭土。

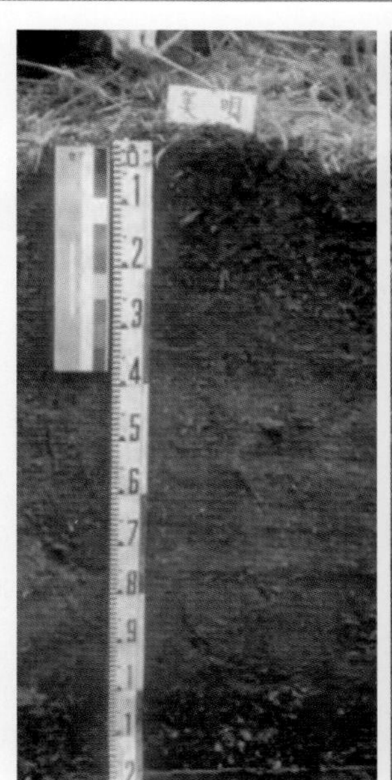

高位泥炭土（左）與低位泥炭土（右）

全國主要土壤類型：②低地土

占日本水田約70%的肥沃土壤

低地土是以河川氾濫堆積的土砂爲母質的土壤，主要分布於河川周邊。在臺地周邊，沖積堆積物可能覆蓋臺地土壤，此外，無機物的沖積堆積物與泥炭物質也可能堆疊。由於河流氾濫堆積物的反覆堆疊，土壤母質常保持在新鮮的狀態，往往富含土壤養分，通常被稱爲肥沃的土壤。

低地水田土的土壤剖面與茨城縣筑波未來市的沖積低地

低地土的分布情況

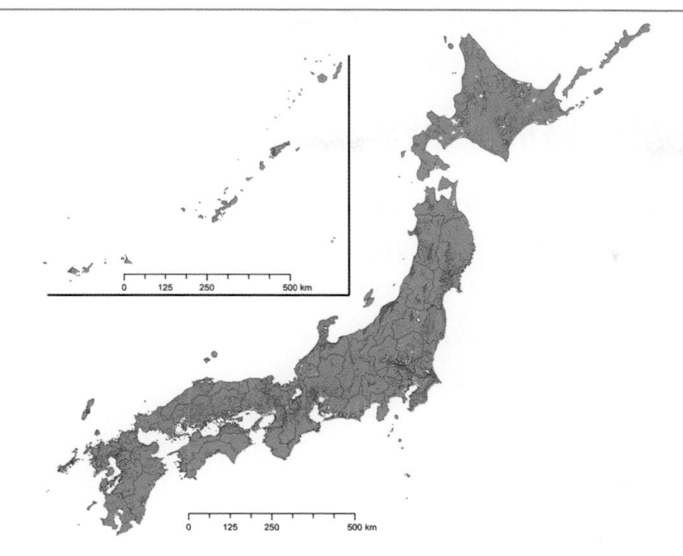

依地目種類的分布面積（×1000ha）

	2010年
水田	1,776
一般旱田	250
牧草地	100
果樹地	53
全部耕地	2,180

低地土分布面積占日本國土約14%，廣泛分布於全國各地，靠近河川、湖泊與海岸。農耕用地主要作爲水田，日本約70%的水田爲低地土。此外，也作爲一般旱田、牧場與果樹園使用。

低地土的分類

低地土依據土壤發育程度與土壤中水分環境（地下水位）的差異，分為5種土壤群。

低地水田土：在不受地下水影響或影響很小的地方就造水田，形成鐵聚積層，是具有典型灰色剖面的低地土。

灰黏低地土：在低地土大群中，地下水位最高的土壤，具有幾乎整年充滿水分50cm以内灰色土層的土壤。

灰色低地土：中等溼生狀態的沖積地土壤。

褐色低地土：沖積低地中最乾燥的土地，具有黃褐色的次表層土壤。

未成熟低地土：堆積未風化土砂的土壤。

從左到右為灰黏低地土、灰色低地土、褐色低地土與未成熟低地土的土壤剖面

全國主要土壤類型：③黑色火山灰土

在日本分布面積最廣、世界罕見的土壤

黑色火山灰土的母質來自火山灰，磷酸吸收係數高，是容積小、重量輕的土壤，主要分布在北海道南部、東北北部、關東與九州。因有機質聚積大多呈現黑色，顏色黑且蓬鬆，所以被稱黑色火山灰土。至於土壤的化學性，雖然富含大量的活性鋁，有機質含量也很高，但對於植物養分很重要的磷酸也往往具有較高的吸附力。

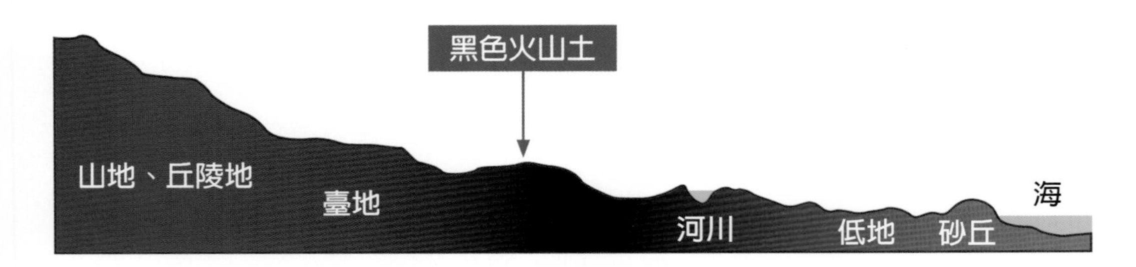

鋁英石質黑色火山灰土的土壤剖面與熊本縣阿蘇外輪山厚厚地積聚的火山噴出物

黑色火山灰土的分布情況

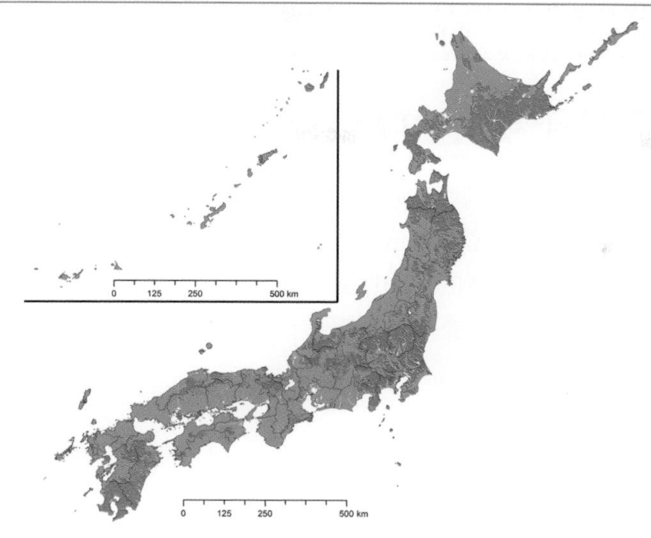

地目種類的分布面積（×1000ha）

	2010年
水田	330
一般旱田	555
牧草地	338
果樹地	96
全部耕地	1,319

黑色火山灰土的分布面積占日本國土約31%，反映了活火山與直到約2～3萬年前仍然活躍的火山分布狀況。具有良好的保水性與透水性，密實度低（土壤硬度），易於栽種，較其他土壤具有更好的物理性，廣泛作爲旱田（一般旱田、牧草地、果園地）使用。日本約47%的旱田分布著黑色火山灰土，在世界上極爲稀少，因其分布還不到總陸地面積的1%。

黑色火山灰土的分類

依據土壤發育程度、土壤的生成環境（水分、母質等）差異，將黑色火山灰土分為以下6種土壤群。

未成熟黑色火山灰土：尚未成熟的黑色火山灰土。

灰黏黑色火山灰土：位於地下水位高區域的黑色火山灰土。

多溼黑色火山灰土：受地下水影響而潮溼的黑色火山灰土。

褐色黑色火山灰土：在森林下形成帶有褐色表層的黑色火山灰土。

非鋁英石質黑色火山灰土：受到來自大陸的沙塵暴與火山灰以外的母質再堆積等影響，結晶性2：1型黏土礦物豐富的黑色火山灰土。

鋁英石質黑色火山灰土：最常見的黑色火山灰土。

由左至右為未成熟黑色火山灰土、灰黏黑色火山灰土、多溼黑色火山灰土、褐色黑色火山灰土、非鋁英石質黑色火山灰土的土壤剖面

全國主要土壤類型：④紅黃色土

最顯著的特徵是土壤呈鮮紅色與黃褐色

紅黃色土由於有機質累積少、鹽基飽和度低、風化程度高而呈紅色或黃色的土壤。一般來說，有機質含量低，黏土含量高，質地密實，透水性極差。此外，由於保水性低，在多雨期間易受溼害，乾燥期間易受乾旱。土壤的化學性受鹽基淋溶作用嚴重影響，缺乏可交換鹽基，土壤pH爲4.5～5.5，呈強酸性。需要補充有機質、改良酸性、採取排水措施等。

帶漂白層紅黃色土的土壤剖面與福井縣越前町的丘陵地

紅黃色土的分布情況

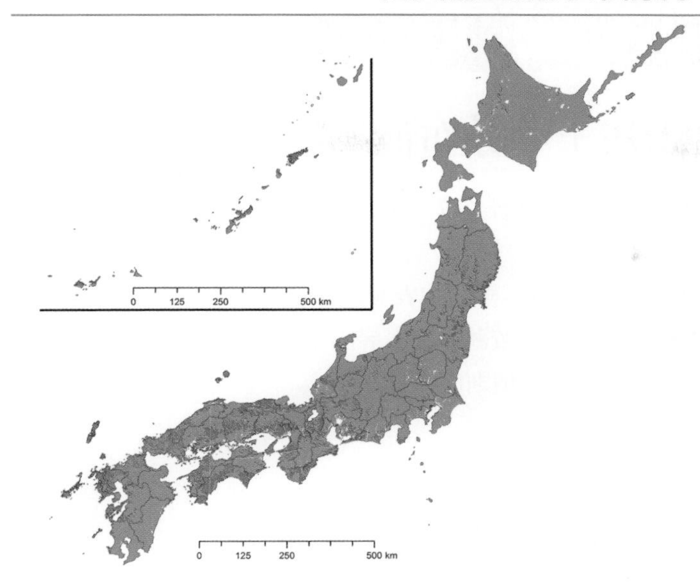

地目種類的分布面積（×1000ha）

	2010年
水田	58.2
一般旱田	76.4
牧草地	18.6
果樹地	59.1
全部耕地	212.3

紅黃色土的分布面積占日本國土約10%，主要分布在日本本州的中高階地與南西群島一帶。在農耕地中，廣泛作爲一般旱田、果樹園、水田使用。

紅黃色土的分類

紅黃色土壤依據有無黏土聚積層（長期受浸透水的影響，上層的黏土向下層移動的結果，黏土含量較上層相對豐富的土層），分為以下2種土壤群。

黏土聚積紅黃色土：有黏土聚積層的紅黃色土。分布於平坦穩定的地形，作為旱田、果樹園等使用。

風化變質紅黃色土：無黏土聚積層，但有風化變質層（因風化而變色，黏土增多，形成塊狀結構的土層）的紅黃色土。

黏土聚積紅黃色土（左）與風化變質紅黃色土（右）的土壤剖面

全國主要土壤類型：⑤褐色森林土

在日本黑色火山灰土中分布面積廣泛的土壤

褐色森林土具有褐色或黃褐色的風化變質層土壤，廣泛分布於受火山灰影響較小的山地、丘陵地。

也分布於北海道與東北地區的洪積臺地。林地的表層呈深色，富含有機質，但在果園與旱田等，則有機質含量普遍較低，表層也較薄。次表層因游離氧化鐵呈現褐色或黃褐色，表層至次表層的黏土與游離鐵的移動、聚積則尚未釐清。

具有褐色風化變質層的一般褐色森林土與北海道蘆別市的庫頁島冷杉人工林

褐色森林土的分布情況

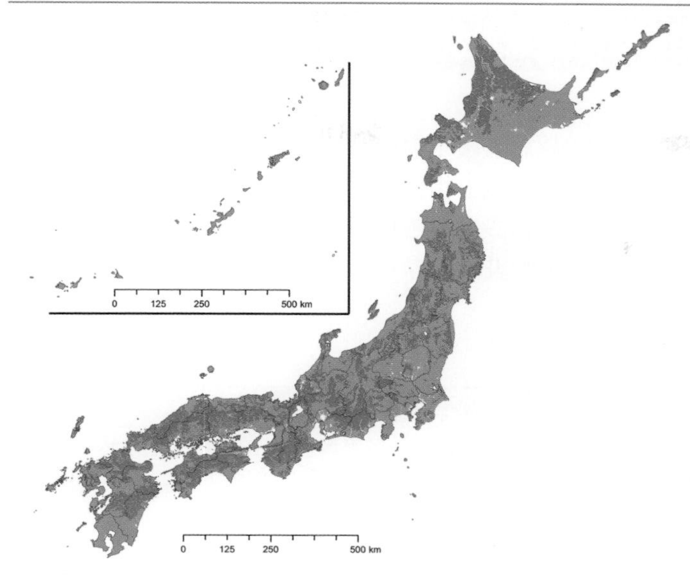

地目種類的分布面積（×1000ha）

	2010年
水田	54.6
一般旱田	125.4
牧草地	70.3
果樹地	108.7
全部耕地	359.0

關東與東山地區的褐色森林土雖然較少，但在日本全國廣泛分布，尤其是近畿以西的地區。分布面積占日本國土約30%，僅次於黑色火山灰土大群。紅黃色土的分布面積占國土約10%，廣泛作爲一般旱田、果樹園地使用。此外，褐色森林土僅設定1大群與1土壤群。

褐色森林土的分類

依據位置環境、土壤pH、腐植質的聚積狀態、溼度與土壤顏色差異，分為9種土壤亞群：

① 水田化褐色森林土
② 溼性褐色森林土
③ 鹽基型褐色森林土
④ 礬土質褐色森林土
⑤ 腐植質褐色森林土
⑥ 灰褐色森林土
⑦ 下層紅黃色褐色森林土
⑧ 臺地褐色森林土
⑨ 一般褐色森林土

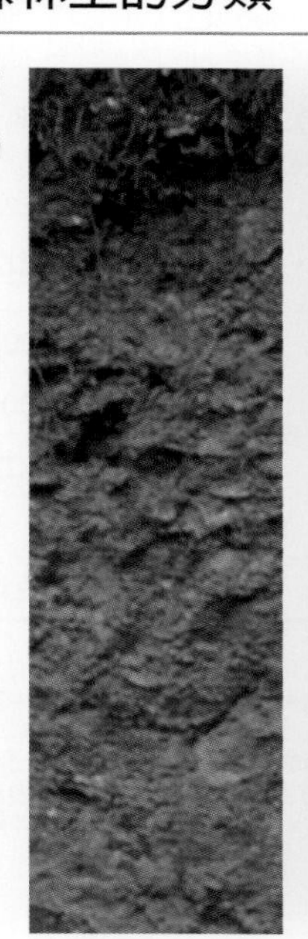

一般褐色森林土（左）與腐植質褐色森林土（右）的土壤剖面

提高土壤地力基本方針的改善目標

在透過土壤診斷確定栽種區域的土壤狀態後，需要依其結果，將土壤改良成適合作物生長的狀態。作爲「適合作物生長的土壤」指標，可參考日本政府的「地力增進基本指針」。依據水田、旱田、果樹園各自設定改善目標，具體目標值等可在農林水產省網站查詢。以下摘錄水田與一般旱田的表格內容。

水田的基本改善目標

<table>
<tr><th colspan="2" rowspan="2">土壤性質</th><th colspan="2">土壤種類</th></tr>
<tr><td>灰色低地土、灰黏土、黃色土、褐色低地土、灰色臺地土、灰黏臺地土、褐色森林土</td><td>多溼黑色火山灰土、泥炭土、黑泥土、灰黏黑色火山灰土、黑色火山灰土</td></tr>
<tr><td colspan="2">表土厚度</td><td colspan="2">15cm以上</td></tr>
<tr><td colspan="2">犁底層的密實度</td><td colspan="2">山中式硬度為14mm以上、24mm以下</td></tr>
<tr><td colspan="2">主要根域的最大密度</td><td colspan="2">山中式硬度為24mm以下</td></tr>
<tr><td colspan="2">湛水透水性</td><td colspan="2">目減水深為20mm以上、30mm以下左右</td></tr>
<tr><td colspan="2">pH</td><td colspan="2">6.0以上、6.5以下（石灰質土壤為6.0以上、8.0以下）</td></tr>
<tr><td colspan="2">陽離子交換容量（CEC）</td><td>每100g乾土為12meq以上（但中粗粒質的土壤為8meq以上）</td><td>每100g乾土為15meq以上</td></tr>
<tr><td rowspan="2">鹽基狀態</td><td>鹽基飽和度</td><td>鈣（石灰）、鎂（苦土）與鉀（加里）離子占CEC的70～90%</td><td>同左，離子占CEC的60～90%</td></tr>
<tr><td>鹽基組成</td><td colspan="2">鈣、鎂與鉀含量的當量比為（65～75）：（20～25）：（2～10）</td></tr>
<tr><td colspan="2">有效磷含量</td><td colspan="2">每100g乾土P_2O_5為10mg以上</td></tr>
<tr><td colspan="2">有效態矽酸含量</td><td colspan="2">每100g乾土SiO_2為10mg以上</td></tr>
<tr><td colspan="2">有效態氮含量</td><td colspan="2">每100g乾土為N為8mg以上、20mg以下</td></tr>
<tr><td colspan="2">土壤有機質含量</td><td>100g乾土為2g以上</td><td>－</td></tr>
<tr><td colspan="2">游離氧化鐵含量</td><td colspan="2">每100g乾土為0.8g以上</td></tr>
</table>

注1：主要根域為地表以下30cm的土層。
注2：目減水深依據水稻的生長階段，有時應控制在10mm以上、20mm以下。
注3：陽離子交換容量與鹽基置換容量同義，本表中的數值為pH 7時的測量值。
注4：有效磷為Truorg法的分析值。
注5：有效態矽酸是指經pH 4.0醋酸－醋酸鈉緩衝液浸出的矽酸量。
注6：有效態氮是將土壤風乾後在30°C的溫度下，湛水密閉4週後所產生的無機氮量。
注7：土壤有機質含量是透過將土壤中的碳含量乘以係數1.724計算得出的估算值。

旱田的基本改善目標

<table>
<tr><th colspan="2" rowspan="2">土壤性質</th><th colspan="3">土壤種類</th></tr>
<tr><td>褐色森林土、褐色低地土、黃色土、灰色低地土、灰色臺地土、泥炭土、暗紅色土、紅色土、灰黏土</td><td>黑色火山灰土、多溼黑色火山灰土</td><td>岩屑土、砂丘未熟土</td></tr>
<tr><td colspan="2">表土厚度</td><td colspan="3">25cm以上</td></tr>
<tr><td colspan="2">主要根域的最大密度</td><td colspan="3">山中式硬度為22mm以下</td></tr>
<tr><td colspan="2">主要根域的粗孔隙量</td><td colspan="3">粗孔隙容量為10%以上</td></tr>
<tr><td colspan="2">主要根域的易有效水分保持能力</td><td colspan="3">20mm/40cm以下</td></tr>
<tr><td colspan="2">pH</td><td colspan="3">6.0以上、6.5以下（石灰質土壤為6.0以上、8.0以下）</td></tr>
<tr><td colspan="2">陽離子交換容量（CEC）</td><td>每100g乾土為12meq以上（但中粗粒質的土壤為8meq以上）</td><td>每100g乾土為15meq以上</td><td>每100g乾土為10meq以上</td></tr>
<tr><td rowspan="2">鹽基狀態</td><td>鹽基飽和度</td><td>鈣、鎂與鉀離子占CEC的70～90%</td><td>同左，離子占CEC的60～90%</td><td>同左，離子占CEC的70～90%</td></tr>
<tr><td>鹽基組成</td><td colspan="3">鈣、鎂與鉀含量的當量比為（65～75）：（20～25）：（2～10）</td></tr>
<tr><td colspan="2">有效磷含量</td><td>每100g乾土為P_2O_5，10mg以上、75mg以下</td><td>每100g乾土為P_2O_5，10mg以上、100mg以下</td><td>每100g乾土為P_2O_5，10mg以上、75mg以下</td></tr>
<tr><td colspan="2">有效態氮含量</td><td colspan="3">每100g乾土N為5mg以上</td></tr>
<tr><td colspan="2">土壤有機質含量</td><td>每100g乾土為3g以下</td><td>－</td><td>每100g乾土為2g以上</td></tr>
<tr><td colspan="2">電導度</td><td colspan="2">0.3mS/cm以下</td><td>0.1mS/cm以下</td></tr>
</table>

注1：參照水田表的注3、4與7。
注2：表土厚度於根菜類需維持在30cm以上，其中牛蒡為60cm以上。
注3：主要根域為地表以下40cm的土層。
注4：粗孔隙是指降雨等，因自體重量滲透而形成的粗大孔隙。
注5：易有效水分保持能力是指土壤在主要根域保留的易有效水量（pF 1.8～2.7的含水量），以主要根域每40cm厚度的高度表示。
注6：pH與有效磷含量的適宜範圍因作物或品種而異，需透過土壤診斷留意屬於適宜範圍內。
注7：有效態氮是將土壤風乾後在30°C的溫度下，以旱田狀態培養4週所產生的無機氮量。

若想成為土壤專家，可參加土壤醫檢定

●何謂土壤醫檢定

近年來，地力下降、土壤病害發生等，降低生產成本成爲課題，依據土壤診斷推動土壤環境改良具有重要意義。

然而，近年來，能夠處理這些問題的土壤環境改良專家人數逐漸減少，爲了培育人才，一般財團法人日本土壤協會舉辦了土壤醫檢定試驗。

試驗名稱從專家進行土壤診斷開立處方的內容來看，可稱爲「土壤的醫土」，因此命名爲「土壤醫檢定試驗」。考試合格後，透過在日本土壤協會登錄，可使用「土壤醫」等資格名稱。

●登錄資格的優點

・可將資格印於名片上等。

・加入「土壤醫之會＊」，擴大資格登錄者之間的網絡。

・增加鑽研機會與擴展業務的可能性。

・各種研討會等參加費可享折扣。

＊土壤醫之會

具有土壤醫等資格登錄者（截至2020年8月約3,700人）為主，於日本全國與地區結成組織，並擴展至全國各地。土壤醫之會舉辦研討會與普及土壤環境改良等活動，現正募集成員中。

●官方網站

報名方法、考試日期、考試會場等，公布於下列網址。此外一併公布考前準備研習會的日期。

「土壤醫檢定試驗　官方網站」URL：http://www.doiken.or.jp/

●洽詢窗口

一般財團法人　日本土壤協會內　土壤醫檢定試驗事務局

〒101-0051　東京都千代田區神田神保町1-58 パピロスビル 6階

TEL：03-3292-7281　FAX：03-3219-1646

●參考書（皆可透過日本土壤協會選購）

・土壤診斷及對策—生理障礙、土壤病蟲害、降低成本等對策　（土壤醫檢定1級對應參考書）價格：4,300日圓＋稅　※2020年9月改版

・新版　土壤診斷及作物生長改善（土壤醫檢定2級對應參考書）價格：3,800日圓＋稅

・土壤環境改良及作物生產（土壤醫檢定3級對應參考書）價格：1,800日圓＋稅

・土壤醫檢定試驗考古題—出題傾向及重點解說（土壤醫檢定全級對應）
【2012～2014年版】價格：1,850日圓＋稅／【2015～2017年版】價格：1,950日圓＋稅

●資格與技術等級

資格	檢定試驗	等級
土壤醫	土壤醫檢定1級	擁有高度土壤環境改良知識與技能，此外有5年以上的指導經驗或從事農業對於土壤環境改良具有實績，有能力指導開立處方、改善施肥、促進作物生長等程度者
土壤環境改良專業技師	土壤醫檢定2級	具備中高度的土壤環境改良知識與技能，有能力開立土壤診斷處方者
土壤環境改良顧問	土壤醫檢定3級	具備土壤環境改良基本知識與技能，能夠擔任土壤環境改良顧問者

※資格名稱在考試合格後申請登錄（非強制）時授予。需額外支付登錄費〔6,000日圓（含稅）〕。

●考試區分與考題內容

資格名稱	土壤醫	土壤環境改良專業技師	土壤環境顧問
區分	1級	2級	3級
舉辦次數	1年1次	1年1次	1年1次
考試方法	學科測試＋申論題＋業績報告	學科測試	學科測試
報考資格	指導土壤環境改良或從農實績5年以上	不限	不限
考題範圍	2級知識加上擁有對作物生長相關土壤診斷與指導對策（處方）的知識與實績（土壤化學性／物理性／生物性與作物的穩定生產及提高品質對策、作物生長障礙與對策、減輕環境負荷與提高作物品質的對策技術等）	3級知識加上能開立改善施肥處方的知識（作物生長與化學性／物理性／生物性的診斷、診斷結果的對策、肥料與土壤改良資材、堆肥的種類與特色、主要作物的生長特性與施肥管理、土壤診斷與其進行方式及調查測量等）	土壤環境改良與作物生長相關的基礎知識（作物健康生長與土壤環境、作物生長與土壤化學性／物理性／生物性的關連、土壤管理與施肥管理、主要作物的施肥特性、土壤診斷內容與其進行方式等）
學科測試考題數	・答題卡 4選1共50題 （共50分） ・申論題 （共25分） ・業績報告 （共25分）	60題	50題
答題方式		答題卡	答題卡
		4選1	4選1
合格目標	100分中70分以上 若「業績報告」未達20分，即使總分達70分以上，仍不合格	60題中答對40題以上	50題中答對30題以上

参考文獻

JA全農肥料農薬部『だれにもできる土壌診断の読み方と肥料計算』農文協、2010

安西徹郎著、JA全農肥料農薬部編『だれにもできる土の物理性診断と改良』農文協、2016

加藤哲郎『押さえておきたい土壌と肥料の実践活用』誠文堂新光社、2012

加藤哲郎『知っておきたい土壌と肥料の基礎知識』誠文堂新光社、2012

金子文宜『農業技術大系　土壌施肥編』、農家が行なう農家のための土壌断面調査、農文協、2008

藤原俊六郎『新版　図解　土壌の基礎知識』農文協、2013

藤原俊六郎、安西徹郎、小川吉雄、加藤哲郎『トコトンやさしい土壌の本』日刊工業新聞社、2017

前田正男、松尾嘉郎『図解　土壌の基礎知識』農文協、1974

松中照夫『新版　土壌学の基礎』農文協、2018

松中照夫『土は土である』農文協、2013

渡辺和彦、後藤逸男、小川吉雄、六本木和夫『土と施肥の新知識』（一社）全国肥料商連合会発行、農文協、2012

北海道農政部『北海道緑肥作物等栽培利用指針　改訂版』北海道農業改良普及協会、2004

『土づくりと作物生産』（一財）日本土壌協会、2014

『新版　土壌診断と作物生育改善』（一財）日本土壌協会、2017

『土壌診断と対策』（一財）日本土壌協会、2013

「土壌診断なるほどガイド」JA全農肥料農薬部、2008

「らくらく土壌診断の手引き」鳥取県農林水産部農林総合研究所、2011

「土壌診断によるバランスのとれた土づくり　Vol.1」（一財）日本土壌協会、2008

「土壌診断によるバランスのとれた土づくり　Vol.2」（一財）日本土壌協会、2009

「土壌診断によるバランスのとれた土づくり　Vol.3」（一財）日本土壌協会、2010

「次世代土壌病害診断（ヘソディム）マニュアル」農業環境技術研究所、2013

「土壌消毒剤低減のためのヘソディムマニュアル」農業環境技術研究所、2016

「野菜だより」ブティック社

「作物生産と土づくり」（一財）日本土壌協会

「農耕と園藝」誠文堂新光社

「月刊　現代農業　2018年10月号」、ベテラン土壌肥料研究者からのメッセージ、p228-241、農文協

「月刊　現代農業　2006年10月号」、畑に穴を掘ろう　土を見よう、p11-15、農文協

「月刊　現代農業　2006年10月号」、発見！　耕盤プレート、p60-63、農文協

AGRI PICK
https://agripick.com/
YANMAR「土壤環境改良建議」
https://www.yanmar.com/jp/agri/agri_plus/soil/
熊本縣地產、地消網
http://cyber.pref.kumamoto.jp/chisan/
名古屋大學土壤生物化學研究室
https://www.agr.nagoya-u.ac.jp/~soil/Soil_Biology_and_Chemistry/toppupeji.html
日產化學Argo net
https://www.nissan-agro.net/
HOKUREN農業協同組合連合會「HOKUREN肥料」
http://www.hiryou.hokuren.or.jp/
農研機構　日本土壤目錄
https://soil-inventory.dc.affrc.go.jp/

作者簡介

一般財團法人　日本土壤協會

成立於1951年。旨在透過提高土地生產力與促進土壤健全化，推動環境保全型農業，為國土資源的有效利用與穩定農業生產做出貢獻。其主要事業包括實施土壤醫檢定試驗、土壤環境改良與土壤保全相關研究、出版及宣傳。主要出版刊物有雙月刊的「作物生產與土壤環境改良」與「全國農耕地土壤指南」等。

照片提供（順序不同，敬稱省略）

安西徹郎／市原知幸／金子文宜／倉持正美／後藤逸男／白鳥豐／松田雅映／依田賢吾／住友化學園藝（株）／（株）竹村電機製作所／（一社）日本土壤肥料學會／（國）農研機構／Hanna Instruments Japan（株）／（株）藤原製作所／（株）堀場製作所／（一財）日本土壤協會

封面照片：國立研究開發法人農業・食品產業技術總合研究機構

國家圖書館出版品預行編目（CIP）資料

圖解土壤診斷的基礎 / 日本土壤協會著 ; 張云馨譯. -- 初版. -- 臺北市 : 五南圖書出版股份有限公司, 2023.04
面 ; 公分
ISBN 978-626-343-865-1(平裝)

1.CST: 土壤 2.CST: 土壤調查

434.22 112002418

5N50

圖解土壤診斷的基礎

作　　者 — 一般財團法人　日本土壤協會
譯　　者 — 張云馨
發 行 人 — 楊榮川
總 經 理 — 楊士清
總 編 輯 — 楊秀麗
主　　編 — 李貴年
責任編輯 — 何富珊
出 版 者 — 五南圖書出版股份有限公司
地　　址：106臺北市大安區和平東路二段339號4樓
電　　話：(02) 2705-5066　傳　　真：(02) 2706-6100
網　　址：https://www.wunan.com.tw
電子郵件：wunan@wunan.com.tw
劃撥帳號：01068953
戶　　名：五南圖書出版股份有限公司
法律顧問　林勝安律師
出版日期　2023年 4 月初版一刷
定　　價　新臺幣380元

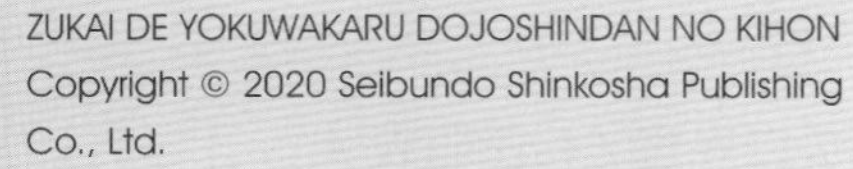

ZUKAI DE YOKUWAKARU DOJOSHINDAN NO KIHON
Copyright © 2020 Seibundo Shinkosha Publishing Co., Ltd.
Chinese translation rights in complex characters arranged with
Seibundo Shinkosha Publishing Co., Ltd.,
through Japan UNI Agency, Inc., Tokyo

禁止複製。本書刊載的內容（含內文、照片、設計、圖表等），僅限個人使用，沒有著作權人的許可，不得無故轉載或做商業用途。

※版權所有・欲利用本書內容，必須徵求本公司同意※

經典永恆・名著常在

五十週年的獻禮——經典名著文庫

五南，五十年了，半個世紀，人生旅程的一大半，走過來了。
思索著，邁向百年的未來歷程，能為知識界、文化學術界作些什麼？
在速食文化的生態下，有什麼值得讓人雋永品味的？

歷代經典・當今名著，經過時間的洗禮，千錘百鍊，流傳至今，光芒耀人；
不僅使我們能領悟前人的智慧，同時也增深加廣我們思考的深度與視野。
我們決心投入巨資，有計畫的系統梳選，成立「經典名著文庫」，
希望收入古今中外思想性的、充滿睿智與獨見的經典、名著。
這是一項理想性的、永續性的巨大出版工程。
不在意讀者的眾寡，只考慮它的學術價值，力求完整展現先哲思想的軌跡；
為知識界開啟一片智慧之窗，營造一座百花綻放的世界文明公園，
任君遨遊、取菁吸蜜、嘉惠學子！

五南
WU-NAN

全新官方臉書

五南讀書趣

WUNAN Books since1966

Facebook 按讚

1 秒變文青

★ 專業實用有趣
★ 搶先書籍開箱
★ 獨家優惠好康

不定期舉辦抽獎
贈書活動喔！！！